网络空间安全丛书

零信任计划

[美] 乔治·芬尼(George Finney) 著

贾玉彬 甄明达 译

清华大学出版社

北 京

北京市版权局著作权合同登记号　图字：01-2023-5727

图书在版编目(CIP)数据

零信任计划 / (美) 乔治 • 芬尼 (George Finney)著；贾玉彬，甄明达译. —北京：清华大学出版社，2024.1
(网络空间安全丛书)
书名原文：Project Zero Trust: A Story about a Strategy for Aligning Security and the Business
ISBN 978-7-302-64871-0

I. ①零…　II. ①乔… ②贾… ③甄…　III. ①计算机网络—网络安全　IV. ①TP393.08

中国国家版本馆CIP数据核字(2023)第215137号

责任编辑： 王　军
装帧设计： 孔祥峰
责任校对： 成凤进
责任印制： 杨　艳

出版发行： 清华大学出版社
网　　址：https://www.tup.com.cn，https://www.wqxuetang.com
地　　址：北京清华大学学研大厦 A 座　　邮　　编：100084
社 总 机：010-83470000　　邮　　购：010-62786544
投稿与读者服务：010-62776969，c-service@tup.tsinghua.edu.cn
质 量 反 馈：010-62772015，zhiliang@tup.tsinghua.edu.cn
印 装 者：艺通印刷（天津）有限公司
经　　销：全国新华书店
开　　本：148mm×210mm　　印　　张：6.125　　字　　数：201 千字
版　　次：2024 年 1 月第 1 版　　印　　次：2024 年 1 月第 1 次印刷
定　　价：59.80 元

产品编号：100603-01

译者序

当清华大学出版社的王军老师问我有没有兴趣翻译一本关于零信任的书时，我的第一反应是零信任有点超出了我的技术能力范围。但当王老师告诉我这是一本“特别的”关于零信任方面的书籍时，引起了我的好奇心。虽然零信任框架已经诞生相当长一段时间了，但就我个人的认知和经历，我认为目前大部分网络从业人员并没有真正理解零信任框架，如果能有一本书以“特别的”方式讲清楚零信任就太好了。

于是我先粗略地阅读了一遍王老师给我的电子版，发现这确实是一本“特别的”关于网络安全方面的书籍，一本关于零信任的小说。没错，是一本小说。

零信任的概念诞生于 2010 年，由约翰•金德瓦格提出。之后关于零信任重要的时刻发生在 2021 年，当时美国的乔•拜登总统发布了关于改善联邦政府网络安全的行政命令，该命令要求所有联邦机构朝着采用零信任架构的方向迈进。零信任达到了它的巅峰状态，在全世界的网络安全领域都大受欢迎。

许多组织机构在网络安全方面都做得不好——不是因为它们什么都不做，而是因为它们没有一致的网络安全保护策略。零信任是一种保护组织机构核心资产的策略。 该策略的重点是通过消除信任来防止攻击行为，因为信任是计算机和网络方面最大的盲点之一。

这部关于零信任的小说的主角一直从事管理 IT 基础设施方面的工作，在入职新公司任职 IT 基础架构总监的第一天经历了一场网络攻击事件，很快就被任命为公司零信任计划的负责人，需要带领临时组建的零信任团队用 6 个月的时间在公司内部实施零信任计划，帮助公司将网络安全事件造成的恶性影响消除，并帮助公司积极推动新产品的发布。因为公司将在 6 个月后推出一款全新的产品，它将改变世界看待健身、工作与生活平衡等的方式。 公司承担不起可能无法率先进入市场带来的业务损失。男主角带领临时团队使用约翰•金德瓦格的零信任设计方法成功地在 6 个月内实施了零信任计划，化解了网络安全攻击造成的影响，保障了新产品的成功按期发布，实现了网络安全能够和业务很好地保持一致。

本书具有很好的故事性，时间线非常清晰，并且很好地结合了组织网络安全和业务的真实情况，通过对网络安全事件的处置很好地诠释了什么是零信任以及组织机构应该如何实施零信任计划。非常适合网络安全从业人员快速理解和掌握零信任的概念，并可以作为组织实施零信任计划的详细指南。

在此我想感谢王军老师给了我翻译这本优秀书籍的机会。感谢上海碳泽信息科技有限公司全体同仁对我的支持和帮助。

最后，引用书中的一句话作为结束语：流程先于技术，每一步都很重要。

贾玉彬

2023 年 8 月 31 日 于北京

作 者 简 介

乔治·芬尼(George Finney)是一名首席信息安全官(CISO)，他认为人是解决网络安全挑战的关键。乔治是多部网络安全畅销书籍的作者，包括获奖书籍*Well Aware：Master the Nine Cybersecurity Habits to Protect Your Future*(Greenleaf Book Group Press，2020)。他在2021年被CISOs Connect评为全球100名最杰出的首席信息安全官之一。他在网络安全领域工作超过20年，帮助初创企业、跨国电信运营商和非营利组织提高了其安全水平。乔治也是一名律师，但请不要因此对他有所偏见。

致　谢

如果没有这些愿意花时间与我分享经验的人的帮助，我是无法写出这本书的。首先，我要感谢我的朋友和导师约翰·金德瓦格，在我带领组织走过零信任之旅的职业生涯中，以及在我编写这个故事的过程中，他一直给予我帮助。

我还要感谢我的出版商吉姆·米纳特尔，他不仅相信这个计划，而且相信我有能力实现它。同时，我要感谢 Wiley & Sons 出版社，特别是约翰·斯利瓦、皮特·高恩和梅丽莎·伯洛克，他们的宝贵贡献使这本书达到了现在的水平。

网络安全是一项“团队运动”。如果我们不互相分享经验，就无法完成我们的工作。当我拿起手机寻求帮助时，社区团结起来回应了我的呼声。我想亲自感谢扎克·文杜斯卡在整本书的创作过程中一直与我并肩作战。我还要感谢亚当·肖斯塔克提供的见解和帮助，使得所有细节得以实现。

我还要感谢我的朋友和同事们，他们是杰森·弗鲁吉、海伦·巴顿、夏娃·马勒、拉斯·柯比、罗伯·拉马格纳-赖特、埃克斯德斯·阿尔马苏德、蔡斯·坎宁安、乔什·丹尼尔森、乔丹·毛列洛、马尔科姆·哈金斯和史蒂夫·金。我觉得自己非常幸运能认识他们。

最后，我要感谢我的妻子阿曼达和女儿斯塔瑞，在我追求成为一名作家的梦想时，她们给予了我支持、灵感和理解。

——乔治·芬尼

序　　言

当我的朋友乔治•芬尼告诉我他要写一本关于零信任的小说时，我最初的反应是：“为什么？”写一本让任何人都想读的关于零信任的小说，这样的想法有点匪夷所思。当然，这是一件令人高兴的事情，但仍然很奇怪。当我首次提出零信任的概念时，人们认为我疯了。不只是像我们这样的 IT 和网络安全领域的人那样古怪的疯狂，而是真正的疯狂。

多年来，我一直努力说服人们保持开放的思维，考虑构建零信任环境。有人想要写一本以我创造的理念为核心的小说，这个想法让我震惊不已。所以，乔治最终坐在我家客厅的沙发上，听我讲述零信任的由来。

要理解零信任，首先必须了解网络安全的起源。“网络安全”是一个相对较新的术语。在此之前，我们称之为 “信息安全”，这是一个更好的名称(什么是网络？为什么需要安全？)。多年来，网络首先在大学和极个别的“前卫”公司中被使用起来，但没有威胁存在——因此，也没有内置的安全性。实际上，我们都熟知和喜爱的 TCP/IP v4 直到 1983 年才被开发出来。因此，有许多研究人员和远见者都对如何利用“互联网”并从中获利垂涎三尺。甚至没有人想到有人可能想要攻击这些新生的网络系统。

然后，在 1983 年，一位名叫罗伯特•H. 莫里斯 (Robert H. Morris) 的美国国家安全局计算机科学家和密码学家在国会作证，警告了网络威胁的新现象——“计算机病毒”。1988 年，他的儿子罗伯特•塔潘•莫里斯(Robert Tappan Morris)创造了可以说是第一个计算机蠕虫，即同名的莫里斯蠕虫，这是计算机时代最伟大的讽刺之一。莫里斯蠕虫感染了 2 000～6 000 台计算机，这在当时的背景下是一个巨大的数字，因为当时整个互联网只连接了大约 6 万台计算机。根据不同的说法，莫里斯蠕虫造成了 10 万～1 000 万美元的损失。突然之间，网络安全变得备受关注。

遗憾的是，当时没有人知道如何保护网络，因为没有人考虑到网络威胁。因此，一些有远见和雄心的人(我不是其中之一)创造了名为“防火墙”和“杀毒软件”的产品，将它们销售给各种公司和组织，并在此过程中变得非常富有。

快进到世纪之交，我在达拉斯-沃斯堡地区以安装防火墙谋生。我部署的主要防火墙是思科的PIX防火墙。PIX防火墙无处不在，推动了很多信息安全的思考。其核心组件被称为自适应安全算法(ASA)。当然，它并没有什么自适应性，而且提供的安全性很有限，但是思科能够非常成功地推销它。

安装PIX防火墙的第一步是设置接口的“信任”级别。默认情况下，连接到互联网的外部接口是“不受信任”的，信任级别为0；而连接到客户网络内部的接口是“受信任”的，信任级别为100。通常还会使用几个接口作为DMZ(非军事区)使用，这是从越南战争中借用的一个术语，听起来很酷，专门用于部署特定的资产，如Web或电子邮件服务器。这些接口会被分配一个任意的信任级别，介于1到99之间。因此，“信任”级别决定了数据包如何穿过PIX防火墙。思科在其产品文档中是这样写的：

“自适应安全算法遵循以下规则：允许任何从内部网络发起的TCP连接”。

由于“信任”模型的流量在默认情况下可以从更高的“信任”级别(内部)流向更低的“信任”级别(DMZ之外)而不需要特定规则。这非常危险。一旦攻击者进入你的网络，没有任何策略可以阻止他们建立命令和控制通道或渗出数据。这是技术上的一个重大缺陷，但可悲的是，每个人似乎都对此无动于衷。当我添加出站规则时，客户和同事都会感到不满。“这不是应该的配置方式！”我离开了许多客户现场，因为对我来说，客户未来可能会遭遇糟糕的情况，这是不言自明的。

因此，我开始讨厌“信任”。不是人与人之间的信任，而是数字领域中的“信任”。于是我开始研究信任的概念，思考它，并提出问题，比如“为什么数字系统中需要‘信任’？”很明显，这个“信任模型”是有缺陷的，也是许多数据泄露的直接原因。

我发现与“信任模型”相关的还有其他问题。第一个问题是将技术拟人化。为了让复杂的数字系统更易于理解，我们试图通过语言将其人性化。例如，我们会说“乔治在网上”。但我很确定我的朋友乔治这辈子都没有上过网络。他从未被缩小成亚原子粒子并被发送到某个目的地，比如邮件服务器或公共互联网。这几乎从未在电影中发生：比如《割草人》或《虚拟战士》，甚至在《黑客帝国》中，角色也必须插入接口。但我该如何讲述这个故事呢？

现在，这就是命运介入的地方。我接到Forrester(福雷斯特)研究公司的电话，问我是否想成为一名分析师。当然想！ 虽然我真的不知道分析师是什么。但Forrester 是一种恩赐，它给了我提问的自由。在我们最初的分析师培训班上，我们被告知我们的使命是“思考宏观问题”。没错，就像乔治所说的那样。

我开始探究的第一个重要想法是，将“信任”注入数字系统是一个愚蠢的想法。我现在可以自由地探索那个有争议的说法。没有供应商或同事来阻止我的思考。自由——这是 Forrester 赋予我的伟大礼物。

加入 Forrester 仅几个月后，一个供应商联系我并问道：“您正在研究的最疯狂的想法是什么？”我告诉他我想从数字系统中消除信任的概念。他完全认同这个想法。他一直在寻找一些激进的想法来证明他想安排的高尔夫旅行是合理的。

在 2008 年秋季，我在蒙特利尔、费城、波士顿、纽约和亚特兰大的 5 个苏格兰风格的高尔夫球场举办了一系列的活动。在每个球场，我都给与会者做了一个关于“零信任“的新生概念的演讲。之后，我们和与会者一起打一轮高尔夫球。有许多问题和精彩的交流。另外需要注意的是：我只带了我的高尔夫鞋和一个装满了高尔夫球的大袋子，因为我在那些苏格兰式的球场上丢了很多球。

这是最早的 5 次零信任演讲，留下了许多回忆。因此，零信任诞生于蒙特利尔的一家乡村俱乐部。我不确定这项研究会走向何方，但我知道在第一次演讲结束后我发现了一些重要的东西。

于是我开始了为期两年的初级研究之旅，我与各种各样的人进行交流，包括我敬佩的 CISO、工程师和网络安全专家。我寻求反馈，“请帮我找到这个想法的漏洞”。最终唯一的负面反馈是“这不是我们一直以来的做法”。于是我开始在小型演讲和网络研讨会上测试这个信息。有一批核心人群理解了这个概念，他们成为了最初的倡导者。

2010 年 9 月，我发表了最初的“零信任报告：‘不再有软肋：信息安全零信任模型介绍’”。人们阅读报告，来电询问，邀请我发表演讲和设计基于零信任模型的网络。

对许多人来说，零信任是一个新的理念，但我在过去 14 年里一直专注于此。零信任带我走遍了亚洲、欧洲和中东。它让我结识了世界上许多伟大的领袖和思想家。我曾与首席执行官、董事会成员、国会议员、将军、海军上将以及无数从事 IT 和网络安全的人士会面，他们正在与我们的数字对手进行艰苦卓绝的斗争。对于一个来自内布拉斯加州农村的孩子来说，唯一的目标就是不用在清晨 5 点起床喂牛和灌溉玉米地，这样的成就还不错。

看到这么多人发表演讲、撰写论文甚至出版关于零信任的书籍，这让我感到非常满足。我曾为写关于零信任的硕士论文或博士论文的学生提供过指导。我也尝试过自己写一本书，但同时进行工作和写作确实很困难。

最重要的时刻发生在 2021 年，当时乔•拜登总统发布了关于改善联邦政府网络安全的行政命令，该命令要求所有联邦机构朝着采用零信任架构的方向迈进。如果十年前你告诉我这会发生，我会告诉你回到你的 DeLorean 车里并将它加速到 88 英里/小时，因为那永远不可能发生。但它确实发生了，而且它改变了一切。主要是颠倒了激励结构。过去，只有组织内部的激进分子才是零信任的倡导者。现在，由于拜登总统的支持，采用零信任是可以的。他改变了现状。

但我职业生涯中最令人满意的时刻是当一个年轻人在飞机上看到我并走到我的座位时。他递给我他的名片，上面印着“零信任架构师”的职位。他伸出手说：“谢谢您，因为您，我有了工作”。

所以，乔治，谢谢你成为我坚定的朋友和零信任倡导者。感谢你撰写这本书，感谢你将所有疯狂的创造力应用于这个疯狂的行业。网络安全需要更多的乔治•芬尼。

——ON2IT 网络安全战略高级副总裁　约翰•金德瓦格

前　　言

在网络安全方面，我们可以用来保护自己的最有效手段是预防。而最有效的预防策略是零信任。要想在任何事业中取得成功，你都需要策略。许多组织在网络安全方面都难以取得成功——不是因为它们什么都不做，而是因为它们没有一致的数据保护策略。零信任是一种保护组织最重要资产的策略。该策略的重点是通过消除在计算机和网络方面最大的盲点之一——信任，来防止攻击行为。

零信任是企业独特目标与保护业务所需的特定策略之间的桥梁。Okta 在 2020 年的一份报告中指出，北美 60%的组织目前正在开展零信任计划，拜登总统已向联邦机构发布行政命令，要求在政府中实施零信任。

《零信任计划》通过引导读者完成实施零信任的每个步骤来改变被攻击企业的安全性。这本书讲述了迪伦的故事，当该组织发现自己成为勒索软件的受害者时，他甚至还没有开始担任新工作(基础设施总监)一职。当 CIO 处理攻击响应和调查时，迪伦负责使用约翰·金德瓦格的零信任设计方法改造公司。读者将能够把这些经验教训带回他们自己的组织，并拥有可操作的示例，可以将这些示例应用于组织中的特定角色和场景。

读者将学习：

- 约翰·金德瓦格的五步法
- 实施零信任的方法
- 4 个零信任设计原则
- 如何限制突破口的影响范围
- 如何使安全与业务保持一致
- 实施零信任时的常见误区和陷阱
- 在云环境中实施零信任

由于零信任侧重于预防策略，因此除了提高安全性之外，读者还会发现提高效率和降低成本的机会。

对于那些有志成为专业技术人士以及经验丰富的IT领导、网络工程师、系统管理员和项目经理来说，本书对于在他们的组织中实施零信任计划至关重要。本书展示了如何使用易于理解的示例将零信任集成到任何组织中，弥合技术参考指南、供应商营销和组织战略之间的差距。

目　录

第1章 零信任案例

房间里仍然很暗，但是迪伦已经睡不着了。他看了看表，才凌晨4点45分，没有再尝试入睡的必要，但现在起床又太早。今天迪伦要开始一份新工作，如果一切顺利的话，这也许是他梦想的工作。尽管如此，他可能还是有点焦虑。但他也真正感到兴奋，这是很长一段时间以来或者说可能是从未有过的感觉。他闭上眼睛，希望能再睡几分钟。

迪伦睁开眼睛，又看了看表，现在是4点46分了。他决定不再等闹钟响，而是现在就起床。床头柜前他的居家拖鞋和跑步鞋并排放着。他穿上跑步鞋，打开台灯，走到房间对面的跑步机旁。他用右手抓住右脚踝，拉伸大腿四头肌，再拉伸另一条腿，然后跳上跑步机。

他听到跑步机通过人脸识别后加载他的个人资料时发出的低柔声音。他最喜欢的3个锻炼项目在弧形LED屏幕上弹出。他点击底部的第四个图标，可以看到来自世界各地的9个跑步者的直播。他选择了在哥斯达黎加海滩上的那个，并开始跑步。他能听到来自几位他曾经一起跑步直播的观众的欢呼声，他们也看到他加入了直播。

但接下来发生了一件有趣的事情：直播卡住了。然后跑步机开始减速到安全速度，最后停了下来。March Fitness的标志出现在屏幕上，就像几个月前他的Wi-Fi出问题时一样。迪伦从跑步机上下来，检查一下手机，但Wi-Fi似乎工作正常。

他决定冲个澡，开始为工作做准备。穿好衣服后，他开始早上的例行公事，即煮咖啡和查看电子邮件是否有任何新闻提醒。自从他接受这份新工作后，他创建了一个提醒，即每当在有关March Fitness的新闻报道中提到“IT”或“中断”时，都会向他发送电子邮件。令他恐惧的是，他的收件箱里塞满了电子邮件。他的跑步机并不是唯一有问题的。由于停电，整个公司都停工了。更糟糕的是，一名网络安全记者在推特(Twitter)上声称该公司刚刚经历了一场大规模的网络攻击。

迪伦站在那里，愣住了。这怎么可能发生？在他新工作的第一天？这时闹钟突然响了，迪伦过了好一会儿才意识到那是他的闹钟。终于到了他该醒的时间了。

迪伦跑上March Fitness公司总部大楼的台阶时，空气中还弥漫着一丝寒意。楼梯中央有一双巨大的金属丝网跑鞋，只有鞋头连在下面的大理石板上。他穿过旋转门，更多的铁丝网鞋将走廊一分为二，每一只的跑姿都略有不同，就好像有个巨人刚刚跑过，每跑一步都掉落了一只新鞋。March Fitness公司总部的大堂贯穿整栋大楼，将公司总部分为北侧和南侧。

大楼的北侧是公司所有高管以及营销、人力资源、财务和销售部门的办公室。大楼的南侧是信息技术以及研发人员办公室所在的地方。与他面试时不同的是，保安处没有人，大楼两边的安全门都敞开着。迪伦看到一大群他认为是实习生的人在南北两侧的办公室之间快速地来回穿梭，手里都拿着皱巴巴的文件。这是一个坏兆头，这意味着不仅电子邮件出现故障，而且即时消息和电话系统也出现了故障。或者他们可能已经关闭了网络以防止攻击进一步传播？

迪伦不知道该去哪里报到，就往南侧走去，因为那是他之前面试的地方。他自然而然地小跑着跟上来回穿梭的人们，虽然他的身材健壮，一米八几的身高也让步幅比一般人要大，但人们却像他站在原地不动一样在他身边飞奔。

他经过一排电梯，走进一个通常能容纳100名员工的小隔间。所有的显示器都是黑的，每个显示器上都贴着一张纸条，上面写着“请勿开机”。

他跟着气喘吁吁的人们来到一间会议室，在那里他终于见到了一个他认识的人。首席信息官努尔•帕特尔(Noor Patel)博士坐在房间中央一张会议桌的首位。努尔身穿黑色西装和白色衬衫，系着她标志性的黑色丝绸领带。坐在桌子对面的是March Fitness的创始人兼首席执行官奥莉维亚•雷诺兹(Olivia Reynolds)。坐在桌旁的其他人都穿着西装，除了雷诺兹，她穿着March Fitness

自有品牌的跑步服。

“迪伦？”一个女人在他耳边低语。她悄无声息地穿过聚集在周围的只能站着的人群，吓了迪伦一跳。她一头黑发，几乎和迪伦一样高，身上散发着丁香花的香味。她拿着一个装满文件的活页夹，上面写着业务连续性计划。

“我是伊莎贝尔，我负责项目管理办公室。努尔今天早上让我留意你。见鬼的第一天。”她转身站在迪伦旁边，看着房间中央正在进行的讨论。

她把员工卡递给他，可伸缩的卡夹已经装好了。“你很幸运，我们上周打印了这个。现在整个读卡器系统都宕机了，就像其他系统一样。周日晚上的某个时候，我们开始在网络上看到一些不寻常的活动，”伊莎贝尔对迪伦耳语道。“到今天早上，事情已经失控了。”

他把员工卡别在腰带上，“我猜你们把网络关掉了，以防万一。他们知道是什么原因吗？”

“你猜对了，迪伦。实际上，许多计算机似乎已经感染了勒索软件。我们仍在调查原因，但公司在网络中断的每一分钟都在亏钱，所以他们现在关注的是让我们的业务重新上线的最快方法。”

奥莉维亚•雷诺兹轻声开口，所有人立即停止说话，转头看向她。“我们怎么知道这笔赎金不仅仅是某种骗局？”她问，“即使我们付钱给他们，我们怎么知道他们真的会解锁我们的计算机？”

“女士，”努尔身边的一名穿西装的人说道。与努尔不同，他的西装皱巴巴的，看起来不太合身。“我们经常遇到这样的问题，现实中有不少勒索软件攻击行为存在。我们可以判断出来，因为他们会用同一个比特币钱包向所有受害者进行勒索。在这种情况下，可以看到许多受害者试图付款的交易记录。”

“那是我们的安全顾问，彼得•刘，”伊莎贝尔悄悄地向迪伦解释道。

“那我们呢？”奥莉维亚问道。

“我们的情况是，”努尔在顾问回答之前回应道，“比特币钱包是全新的，我们认为只有一笔交易，我们相信那只是网络犯罪分子测试账户的记录。”

“这怎么解释？”一名穿着蓝色细条纹西装的白发男子问道。

“那是我们的法律总顾问科菲•阿巴拉(Kofi Abara)，”伊莎贝尔澄清道，“他是我见过的最聪明的人之一。而且，他每月都会组织一次扑克锦标赛。几年前，他还参加过世界扑克锦标赛。千万不要和他赌。”

“这是一个会计问题，”彼得解释道，“网络犯罪分子需要知道哪些受害者已经付款，哪些没有。做到这一点的唯一方法是为每个受害者准备一个不同的比特币钱包。看到比特币钱包是空的，说明这个网络犯罪分子是认真的。”

“我们的下一步行动是什么？”奥莉维亚问道。

努尔站起来并向房间里的所有人讲话：“如果有其他办法的话，我们不会付款给这个网络犯罪分子。我们有备份，我们的团队将加班工作，从头开始恢复计算机系统。我们已经推迟升级防病毒软件，以采用更现代的 EDR 解决方案，因此我们将在恢复设备的同时进行这些升级。这将提高我们对系统的可见性，以便能够检测和防止进一步的攻击。我们的顾问将与我们一起工作，确保整个过程只需要几小时，而不是几天。”整个房间里紧张的 IT 员工们发出欢呼声，准备开始工作。

伊莎贝尔靠向迪伦问道：“什么是 EDR 工具？”

“就像打了兴奋剂的杀毒软件，”迪伦低声说道，“是指端点检测和响应。老的防病毒程序会使用指纹来查找恶意软件，但攻击者已经发现了这一点并会使用不同的指纹。EDR 的工作原理类似于面部识别，因此无论你留胡子还是戴眼镜都没有关系。它还可以采取行动将攻击者踢出系统”。

房间里的谈话结束后，伊莎贝尔若有所思地点了点头。

“这听起来是个不错的计划，帕特尔博士，但如果它花费的时间比你预期的要长，怎么办？”科菲问道。

一位穿着亮红色西装的金发女士说道：“我们的网络安全保险公司将继续代表我们与网络犯罪分子进行谈判。”她向站在她身后的几位顾问点了点头。“他们将与勒索软件团伙保持沟通，以减少赎金，就好像我们打算支付赎金一样，为我们争取更多的时间”。

“那是金•塞尔夫(Kim Self)。”伊莎贝尔补充道，“她是我们的首席风险官。我稍后会介绍你认识她。”努尔再次发言，这次她身边还有两名董事，在他们的记事本上记录着她的话。

“如果我们的恢复时间超过 36 小时，”努尔澄清道，“我们将轮班工作并且建议支付赎金。但我们预计将在 3 天内完全恢复运营”。

“那会对我们造成多大的损失？”奥莉维亚转向迪伦的方向问道。

当身旁的那位粉色头发女子回答时，迪伦感到有些惊讶。“我们将为所有订阅者免费提供一个月的信用额度，作为这次故障的补偿。”迪伦看到她的工牌上写着首席财务官唐娜•常(Donna Chang)。“无论停机时间是一天还是一周，都会造成同样的影响。我们暂时可以承受，但需要开始考虑长期的影响。客户流失是一个问题。但坦白讲，更大的问题将是恢复成本，这还是未知数”。

奥莉维亚站起来对着房间里的所有人说：“谢谢大家，我不会撒谎，接下来的日子将很具有挑战性。我们将渡过这个难关，而且我们将因此变得更加强大。明天同一时间我们再次在这里集合，视频会议也将继续进行。如果你有任何新的发现，请及时通知。此外，在我们能够恢复电话系统之前，请确保你的团队成员都保存了每个成员的手机号码”。

接下来的几小时，迪伦努力帮助任何他能帮助的人。但是由于没有访问权限，也没有关于网络的详细信息，他几乎无能为力。他大部分时间只是像一个打杂的，拿着补给品为管理员们提供帮助，协助他们重新建立计算机系统。

“你在这儿啊。”伊莎贝尔从一个隔板上面探头看着，此时迪伦正在桌子下面拔电源线，以便把计算机带给他正在协助的管理员。出来的时候，他的头撞到了桌子底部。

“请告诉我你有哪些事情可以让我去处理。我整个上午都在搬计算机”。

“老板在找你。”她已经快步离开了，迪伦必须跑起来才能跟上她。

她带他走出了大厅，经过一个悬挂在半空中的巨型运动鞋，进入了大楼的北侧。

迪伦的手机在口袋里嗡嗡作响。他把手机掏出来看，发现来电的是查克，是他在 MarchFit 谋得这份工作时合作的猎头。他把电话静音，继续跟在伊莎贝尔的后面。

浓郁的咖啡香气弥漫在高管的房间里。这让迪伦感觉更加清醒。“那是奥莉维亚发明的最早的立式办公桌跑步机吗？”当他们经过几个办公桌跑步机的概念原型时(迪伦的那台 TreadMarch+跑步机就是基于这些原型)，迪伦问道。

他们走过一张高高的会议桌，每个椅子的位置都有一个小型跑步机。“一边慢跑一边开会，”伊莎贝尔说，“在疫情暴发之前，我们有几个大客户准备下订单的。”

伊莎贝尔转身对他微笑，但继续走着。他们来到一扇亮橙色的双开门前。伊莎贝尔敲了敲门，然后为迪伦推开了门。他走了进去，但伊莎贝尔没有跟进来。她走开时只说了一句“祝你好运”。

这间办公室由两面玻璃墙构成，一张 TreadMarch+立式办公桌面向窗户。第三面墙看起来像纳斯卡车库，到处都是红色的工具箱和工作台，电动工具和跑步机零件散落一地。房间的中央是一张白色的小桌子，周围是 4 张看起来很现代的红色沙发。桌子上放着一堆活页夹。最上面的那个是迪伦早些时候看到的伊莎贝尔拿着的那个——业务连续性计划。

“就是这个人吗？”一位坐在沙发上的陌生男人问道。迪伦终于意识到这是奥莉维亚的办公室。努尔双臂交叉坐在奥莉维亚对面，奥莉维亚靠在她的桌子上。努尔点点头回答了那个男人的问题。

“告诉我，托马斯先生，你认为刚刚发生在 MarchFit 的那件事是可以预防的吗？”

迪伦看向努尔和奥莉维亚，她们都是一脸茫然，显然在等他回答。这是一个严肃的问题。

“我对我们所有的技术并不是很了解，无法回答……”迪伦回答道，但被打断了。

“这不是技术问题，这是哲学问题。你认为预防是可能的吗？”那个男人竖起手指等待迪伦回答。

“我认为，”迪伦开始说，“我们必须相信预防是可能的。”

那个男人等了几秒钟，然后问道：“为什么你一定相信预防是可能的，托马斯先生？”

“你不认为要想获得成功，必须先相信成功是可能的吗？如果我们不相信我们可以预防网络犯罪分子的入侵，那么会在潜意识中让这种事情发生。此外，我选择将这作为我的职业，如果我不相信我能够改变现状，那我就是疯了”。

“下一个问题。网络安全的目的是什么？”男人交叉着双臂问道。

迪伦想了想。“安全只是为了让业务保持平稳运行”。那个男人点了点头，久久没有说话。“还有其他问题吗？”迪伦转向努尔和奥莉维亚问道。

“最后一个问题，”那个人说，“你喜欢学习吗？”

“当然，”迪伦回答道，“在 IT 领域，必须热爱学习。我们一直在学习以跟上新技术的发展。”

男人飞快地从座位上跳了起来，还没等迪伦意识到，那个男人就已经握住了他的手。“你即将学到很多东西，”他对迪伦说道，“他可以胜任。”他对奥莉维亚和努尔说，然后走出了门。“明天见，托马斯先生”。

“迪伦，对于这一切我感到非常抱歉。”努尔说着转向奥莉维亚。她在男人刚刚坐过的沙发上坐下，示意迪伦坐在她对面。奥莉维亚坐在努尔旁边。

“没有什么需要道歉的，”奥莉维亚反驳道。她转向迪伦，面带微笑。“这是一个很好的机会，迪伦。很高兴认识你。我通常会见我们所有的员工，但我并不希望我们是在这样的情况下见面。”

“我们至少应该先问问他，这样他就知道自己将要面对什么了。”努尔说，“迪伦，我知道你计划今天和你的团队见面。”

“我已经看到几个了。”迪伦回答道。

“是的，但是显然出现了一些问题。”努尔说，“别担心，你不会被解雇或其他什么的。但由于你还没有接受过培训，也还没真正有过任何入职时间，你在事件响应方面可能没有太多的帮助。”她拿起咖啡杯，慢慢地喝了一大口。

“现在听起来我被解雇了。”迪伦紧张地笑着说。

“迪伦，”奥莉维亚回答，“你绝对不会被解雇。几小时前，我在这里问帕特尔博士，世界上最前沿的安全项目是什么。帕特尔博士，你的答案会是什么？”

“零信任。”努尔回答。

“你知道什么是零信任吗，迪伦？”奥莉维亚问道。

他双臂交叉，交叉腿坐着。“我听说过，但不太了解。那不就是网络安全公司的一个营销术语吗？”

两个女人对视了一眼，眼神中透露出了一种默契。迪伦感到有些不安，觉得这次谈话好像已经发生过一次了。

“我了解了一下，结果发现全球最杰出的零信任专家之一就住在我们附近几分钟车程的地方，”奥莉维亚解释道，“你刚刚见过他了。他曾经与约翰•金德瓦格(John Kindervag)和蔡斯•坎宁安(Chase Cunningham)博士共事，这两位Forrester的分析师是零信任的先驱。顺便说一句，他的名字叫艾伦•拉帕波特，虽然他没有进行自我介绍”。

“那么，我将会汇报给他吗？”迪伦问道。

“从技术上讲，你仍然是汇报给我。”努尔纠正道。

迪伦把头转向一边。“技术上讲？”

“努尔的意思是，在接下来的六个月里，你将虚线向我汇报。”奥莉维亚说。

“哦，”迪伦只能说出这个词，“所以这位顾问就是我的奥比-旺(Obi-Wan)？他会教我零信任之道吗？”[1]

“这就是为什么我相信零信任会适用于我们。”奥莉维亚向迪伦和努尔说道，“我注意到总统发布了一项行政命令，要求政府机构采用零信任作为确保政府机构免受其他国家攻击的战略。刚才跟艾伦交流的时候，他说服了我。迪伦，告诉我为什么我会被他说服”。

“如果政府机构采用它，那它就一定是对的吗？”迪伦嘲讽地说道。三人哈哈大笑起来。努尔终于在座位上放松了下来。

“不。我相信零信任是因为它实际上是一种安全策略。这是努尔和我一直在争论的问题。对于我们业务中的任何其他目标或目的，我们都有实现它的战略。我们在安全方面的目标是防止糟糕的事情发生。我知道可以去购买工具或实施更多技术措施来增加安全性，但我们如何知道我们是在正确的轨道上呢？在业务的每个其他领域，我们都有一项战略，而零信任将成为我们未来的安全策略”。

“我将领导事件响应和恢复工作”，努尔解释道，“但与此同时，我们将为公司的所有技术启动转型计划，以全面实施零信任”。

“你听说过一项预防措施胜过十项补救吗？”奥莉维亚问迪伦。他点了点

1 译者注：“Obi-Wan”指的是《星球大战》中的角色奥比-旺•肯诺比(Obi-Wan Kenobi)，他是一名绝地武士，是主人公卢克•天行者的导师，教导他如何成为一名绝地武士。因此，“Obi-Wan”一词经常用于描述某人的导师或指导者。

头。“这就是我对零信任的期望。这就是为什么艾伦问你是否相信预防。我们相信预防是阻止攻击行为的最有效方式，而零信任是实施技术预防的最佳策略”。

“这是有道理的。”迪伦说。

“这是一个很好的职业机会。你将负责在一个家喻户晓的公司实施零信任。拒绝这个机会是疯狂的。”奥莉维亚看着努尔说道。

“那么六个月后会发生什么？”迪伦问道，“您说我只向您汇报六个月？”

“六个月后，我们将推出一款全新的产品，它将改变世界看待健身、工作与生活平衡等一切的方式。我们承担不起可能使我们无法率先进入市场的失误。”奥莉维亚说。

“迪伦，我们不会理所当然地认为你已经接受了这个新挑战，”努尔说，“你应该花点时间考虑一下。你在整个职业生涯中都专注于管理 IT 基础设施，这是一种不同的挑战，也不是你昨天所预料的。我不希望你盲目地接受这个工作机会”。

门外传来轻轻的敲门声，一个身穿黄色西装的红头发女子没等回应就走了进来。“哦，太好了，你们都在这里，”她走近奥莉维亚和努尔时说，“我们的媒体监控服务刚刚看到一条消息。黑客公开了他的要求。”她把手机递给奥莉维亚，努尔和迪伦也走近了一些，这样他们三人就可以看到黑客发的推文。

一条来自黑客 3nc0r3 的推文公开威胁 MarchFit，并确认网络攻击的传言。

“迪伦，这是我们的公共关系负责人艾普莉尔。”努尔说。艾普莉尔伸出手和迪伦握手。

“Encore 是谁？”奥莉维亚问道。

“从他的个人资料来看，他似乎住在东欧或俄罗斯的某个地方，但不清楚他具体来自哪里。他过去的推文表明他已经勒索过其他几个组织，但我们是他迄今为止攻击的最大目标。”艾普莉尔解释道，然后拿回了她的手机。

“我会和谈判代表核实一下，看看这是否是他们一直在谈判的同一个人。”努尔说着站了起来。“谈判代表应该尽量拖延。这可能会改变我们的时间表。”她走到门口，迪伦跟在她身后，然后她拦住了他。“只要你在接下来的几小时内做出决定，你就可以考虑所有你需要的时间。”她对他使了个眼色。“另外，如果你决定成为我们的零信任计划负责人，明天之前你需要做一些功课。”努尔指了指桌上的一摞文件夹说道。

迪伦开始往外走。他背着奥莉维亚的一个设计师背包，里面装满了他必须阅读的所有文件，显得非常重。在走出门口的时候，他注意到大楼入口上方写着 MarchFit 的座右铭“每一步都很重要”。新鲜空气有所帮助，但他真正需要的是去跑步。当他跑步时，压力通常会消失。

他将要从事的工作与他以前做过的任何事情都不一样。这是一个机会，但不是他几小时前所想象的那种机会。

他解锁了手机，才想起自己有一个未接来电。他没有注意到自己有一条语音邮件，所以他按下按钮，把手机放在了耳边。

“迪伦，我是查克。我知道你刚开始在 MarchFit 工作，我听说了网络攻击的事情。我刚刚收到你与 MarchFit 同时期面试的另一家公司的消息，他们给你提供了一个薪水更高的相似职位。迪伦，你会有更多的收入，担任非常相似的角色。如果你想接受这个更好的职位，请给我回电。”

迪伦筋疲力尽地倒在长椅上。事情发展得太快了。他已经太累了，无法冷静地思考。

他抬头看到一对夫妇正一起跑过大楼。他们经过时向他挥手示意。接着更多的人跑了过去。他意识到总部大楼周围的跑道上到处都是跑步的人。每当筋疲力尽的 MarchFit 员工离开大楼时，他们都会高呼支持。

他拨通了查克的电话。

“迪伦。我就知道你会打电话。你不需要让这份工作拖累你……”

“查克，谢谢你给我提供的新职位建议，但我不想放弃目前的这份工作。”

“你确定吗？有些公司在遭遇网络攻击后表现不佳。一般会进行裁员。我给你提供了一条安全的出路。你可以到任何地方担任云基础架构总监，并且很快就会成为首席信息官。”

“查克，March Fitness 让我度过了疫情时期。3 年前你就认识我了。如果我没有那台跑步机，我可能就不会在这里。我是认真的，减肥对我来说很重要。我知道这也会对其他人产生影响，我会坚持下去，确保这家公司还可以继续帮助其他人。”

关键要点

信任是一种漏洞。

零信任(Zero Trust)是一种网络安全策略，它指出我们面临的根本问题是信任模型被破坏，不受信任的一侧是邪恶的互联网，而受信任的一侧是我们控制的设备。因此，组织不会在受信任的一侧做任何真正的安全。然而，几乎所有数据泄露和负面的网络安全事件都是对这种破碎的信任模型的利用。零信任是指在技术方面消除信任。应该对数字系统有多少信任？答案是零。因此，有了零信任的概念。

零信任对于网络安全领域的成功至关重要。零信任与董事长、首席执行官和其他领导者产生共鸣的原因是，因为他们认识到在任何领域中制定一项成功的策略都是至关重要的。每个组织都是不同的，这意味着战略的实施方式因组织而异。成功的零信任实施将为每个组织进行量身定制，以满足其独特的需求、工具和流程。

零信任的主要目标是预防攻击(数据泄露)。预防是可行的。事实上，从业务角度来看，防止数据泄露比尝试从数据泄露中恢复、支付赎金以及处理宕机或客户流失的成本更具成本效益。

零信任不仅仅是一个营销流行术语。零信任不是你可以购买的任何一种特定工具，因为你可以使用许多不同的工具实现相同的目标。零信任不是参考架构，因为零信任的每个实现都将是完全定制的。

《零信任计划》将带你走上一个组织成功实施零信任的旅程。你将学习最重要的概念、方法和设计原则，并带回你自己的组织。要使任何策略发挥作用，你都需要具备一些关键要素。March Fitness 已经准备好备份、风险登记、资产和业务连续性计划(BCP)，因此他们能够恢复而不是支付赎金。他们还购买了网络安全保险，并且已经与网络安全漏洞响应服务提供商签订了合同，他们能够进行协助恢复和谈判。此外，他们已经把所有关键文件都打印成纸质文档，以确保即使他们的计算机处于离线状态也可以使用。但即使你今天不具备这些条件，你仍然可以采用零信任策略。

注意，March Fitness 有一位首席信息官(CIO)，他同时兼任首席信息安全官(CISO)。根据行业的不同，许多大型组织可能有也可能没有专门的 CISO 或专门的信息安全人员。无论你的组织处于网络安全成熟度的哪个阶段，你都可以成功实施零信任策略。如果你还没有开始你的零信任之旅，那么最好的开始时间就是今天。

第2章 零信任是一种策略

迪伦走得很快，试图跟上艾伦，他们一起走上楼梯前往行政简报中心。迪伦背着一个背包，里面装着他前一天从努尔那里拿到的所有纸质文件。在他们身后有一个穿着牛仔裤和黑色连帽衫的女人，背着破旧的背包。跟在她后面的是一位戴着猫眼眼镜、穿着连衣裙、手提着一个皮质公文包的女人。一个穿着 Polo 衫的高个子男人和一个穿着红色阿森纳足球队球衣的矮个子男人在后面闲逛，低着头看着手机。

简报中心位于将 MarchFit 北侧与南侧分隔开的大厅尽头。会议中心是一个独立的由钢铁和玻璃做成的岛屿，就像漂浮在总部大厅建筑物的其余部分之上。

当他们穿过入口时，新鲜煮好的咖啡香味扑鼻而来。伊莎贝尔正端着一个小咖啡杯喝着咖啡，看着他们。当他们刷卡进入房间时，她举起咖啡杯向他们致敬。

IT 事件响应团队已经接管了南侧的会议室，试图完成对所有被勒索计算机的补救工作，同时也试图拼凑出勒索软件是如何入侵的。北侧的会议室都被律师和营销团队占据，讨论对公司面临的潜在诉讼的回应。这使得零信任计划团队只能使用豪华会议室，这些会议室通常是为与公司最大的客户和投资者会面而保留的。

“你的新笔记本电脑在桌子上。”伊莎贝尔一边小口啜饮咖啡一边对迪伦说。

“这是个好兆头。这是否意味着我们恢复营业了？”迪伦问道。

“我们的状态很好。他们正在逐步启动网络的各个部分。听起来我们实际上比预定计划提前了。”伊莎贝尔说。

“这就像《犯罪现场调查》中的一集在这里爆发了一样。”哈莫尼说着，手里拿着一个看起来像小型隐形无人机的会议电话。她把电话放下，跑到房间尽头的一个小白盒子那里，惊呼道：“这是一台3D打印机吗？他们为什么要在会议室里放一台3D打印机？”

“这是为了在与客户的会议中制造定制的跑步机零件，”伊莎贝尔解释道。“这是市场上噪声最小的3D打印机。”

“这就像在《星际迷航》里一样。”哈莫尼说着，碰了碰占据整个会议室后墙的20英尺宽的视频墙。当她触摸它时，光标居然响应了，显示了一个有关如何使用这个视频墙的欢迎视频。“这是触摸屏？”她惊呼道。

迪伦开始向大家讲话：“我想在此提前感谢大家将要为此付出的所有辛勤工作——我们称之为零信任计划。我还想介绍一下艾伦•拉帕波特……”

“在安全方面，你们的成功策略是什么？”艾伦打断了他，对着整个会议室发问。他停顿了几秒钟，等待有人回答。“你们确实有策略，对吧？”

“从我目前所了解的情况来看，MarchFit似乎采取了纵深防御策略。”迪伦辩解道。

艾伦顿了顿，深吸了一口气。“让我们回顾一下，从策略的定义开始说起。策略就像关于如何实现特定目标的计划，对吗？所以，最后你会知道你什么时候达到了你的目标。现在，我有一个问题：你怎么知道何时成功实现了纵深防御目标？”

“当成功攻击的数量开始下降时，你不就知道了吗？”迪伦回答道。

“你并不能控制恶意攻击者对你发动的攻击数量，而且你可能并不总是知道他们是否成功了。你需要多少层来防止坏人入侵呢？8层？10层？20层？这就是采用纵深防御作为你的策略最终看起来更像是‘纵深支出’的原因。没有衡量成功的标准，而且你正在把你没有的钱花在你不需要保护的东西上。”

“那我们的攻击面呢？”迪伦问道，“我在会议上听到安全团队成员谈论缩小攻击面。我们不应该也这样做吗？”

艾伦笑了。“整个世界都是你的攻击面！地球上任何地方的任何人或设备都可能在不知不觉中被用来攻击你。相反，通过零信任，我们只关注我们可以控制的事情。这就是为什么我们将它缩小到非常小且容易理解的东西，比如‘保护面’。”

“我们一直采用同类最佳策略。”穿连帽衫的女人说。

“你是谁？”艾伦问。

“哈莫尼·戈尔德，”她回应道，并握了握艾伦的手。“我是一名网络工程师。”

“哈莫尼，很多组织通过咨询顾问或行业分析师来决定购买哪些最佳产品。这不是一种策略。拥有最佳产品并不能阻止组织遭受入侵。真正重要的是将所有这些独立的元素整合到一个集成的系统中，以适应你独特的业务。”

会议室的推拉门嗖的一声被拉开，两个穿着 Polo 衫的男人笑着走进了房间。“葬礼是西红柿！”两人中个子较高的一个说，然后重复最后一个词进行强调，“西红柿！”

“我很高兴你们今天能加入我们，”艾伦嘲讽地说，“你们的公司刚刚经历了一次网络入侵，而你们的团队将负责确保这不再发生。那么，你们实现这一目标的策略是什么？”

“难道没有一些最佳实践的清单吗？我们照着清单做不就行了？”高个子问道，然后坐了下来。过了一会儿，他补充道，“顺便说一句，我叫布伦特。他叫尼格尔。他是英国人。”尼格尔点点头坐了下来。

“布伦特，你并没有明确指定你所考虑的是哪个清单。但这并不重要，因为合规性检查清单并不是一种策略。那些清单上有一些不错的策略，但很多合规的组织仍然遭受了入侵。”

尼格尔正在给布伦特看手机上的东西。哈莫尼则盯着大厅看着来来往往的人。

“你们在干什么？”迪伦问道，“你们不知道零信任计划有多重要吗？”

“对不起，迪伦，”戴着猫眼眼镜的女人说。她已经坐在会议室的桌子旁。迪伦没有意识到她在那里。“我认为这个计划是一种惩罚。公司的其他所有人要么致力于新产品的发布，要么忙着让公司重新运转起来。”

尼格尔开口了：“抱歉，哥们，没有人愿意让我们参与他们的项目。所以你只好和我们一起工作了。”

“你们是做哪方面工作的？”迪伦问道。

“我做身份认证方面的工作，”布伦特说，“而尼格尔是你会碰到的最被低估的开发人员之一。”

“我一点都不相信那个说法，”迪伦反驳道，“让公司恢复运营非常紧迫，但零信任计划将彻底改变公司。我们六个人将会成为这一变革的核心。如果努尔不相信我们是这份工作的合适人选，她就不会选择你们。”

“哦，我应该补充一点，项目管理办公室(PMO)将通过团队建议的任何变更，并立即进行紧急变更控制。”伊莎贝尔补充道。“我们的预算直接来自奥莉维亚，即使钱可能没多少，但也不是一张空头支票，而是我们尽可能得到的东西。”

艾伦轻敲了一下视频墙，上面出现了 MarchFit 所有网络的拓扑图。跑步机网络由两个盒子之间的云表示，一个标记为数据中心，另一个是跑步机。在其下方是一个星状网络，将各种零售地点图标和标记为总部的建筑物连接起来。

“好消息是我们不需要空头支票。零信任是我们保护 MarchFit 的最佳策略，因为它是专门为防止入侵而生的。你可能听说过，一分预防胜过十分治疗。我们研究了实施零信任的组织，并表明这种对预防的关注确实将成本降至原来的1/10。领导一个安全事件响应团队可能感觉像是在做‘真正的’安全工作，但我认为它始于像你们这样每天都在做预防工作的人。”

“要实施零信任，你只需要了解 9 件事情，9 件而已。相信每个人都能记住 9 件事，对吧？”艾伦展示了一张幻灯片，把它放在了 MarchFit 的网络基础设施图旁边。

(1) 注重业务成果。

(2) 由内向外设计。

(3) 确定谁/什么需要访问。

(4) 检查和记录所有流量。

“有 4 个设计原则和 5 个应用步骤。但首先要关注的是业务成果这一设计原则。如果你不知道为什么要做某件事，就无法保护它。那么你们是靠什么赚钱的呢？”

“我们出售健身网络订阅和运动服装。我们的运动服装很受欢迎。”戴猫眼眼镜的女士说。

“我没听清你的名字？”艾伦问。

“我叫罗斯。”她轻声说道。

“没错，罗斯。MarchFit 实际上是一家媒体公司。你们拥有一座电影级别的工作室，你们的私人教练是全球最优秀的运动员。人们很容易认为你们只是一家为跑步机加了个桌子的公司。但你们的硬件利润率非常低。人们喜欢这个公司的原因是其提供的内容。”

“这究竟如何能帮助我们防止网络犯罪分子入侵呢？”布伦特问道。

“仅仅从图片就知道这个网络是由外到内设计的。”艾伦指着网络拓扑图说。“图中的细节聚焦于边缘的端点，然后向内部延伸。这就是它会失败的原因，因为我们不知道我们在保护什么。”

“我们刚刚遭遇了勒索软件的攻击，难道我们不应该更加关注边界的端点吗？”哈莫尼问道。

“我今天早上听努尔说，看起来勒索软件是由一个拥有本地管理员权限的用户安装的。可以很容易地争辩说这是一个权限问题。”伊莎贝尔双臂交叉在胸前说道。

“这就是为什么我们的第三步需要按需赋予最小的访问控制权限，”艾伦补充道，“问一个这样的问题——需要访问该数据才能完成工作吗？我就是这样告诉他们的。不要使用‘最小权限’这个词。而是问‘你需要访问该数据来完成你的工作吗？’我敢打赌大多数时候答案是否定的。我们给太多人无缘无故地提供了太多的访问权限。”

迪伦说：“我认为我们都看到了管理员权限被授予董事或高管作为地位象征，而这不是他们工作的核心内容。”

艾伦点点头。“然后第四步是检查并记录所有流量，因为在我们发现存在内鬼或被盗账户的情况下，没有人会在身份验证后查看他们的数据包。我们有一个误解，即零信任等于身份验证，但事实并非如此。我们要说的是，它最终会消费(使用)身份验证。你需要查看身份验证后的数据包，看看它们在做什么。里面有攻击流量吗？他们正在下载数千份文件吗？公司外部是否有数百个SSH连接？为了有机会检测到这些异常，需要以网络或服务器日志的形式获取数据。”

“这只是一堆理论，”尼格尔打断道，“我们什么时候才能真正保护某些东西？”

艾伦切换到下一张幻灯片，其中有以下字句：

(1) 定义保护面。

(2) 绘制事务流程图。

(3) 构建零信任环境。

(4) 创建零信任策略。

(5) 监控和维护。

“我提到过有4个设计原则，但还有一个五步法来应用这些原则。我完全同意只谈论方法论会很无聊，最好的方式是亲自体验一下。”

“等一下，我们现在要开始做出改变了吗？”迪伦问道。

“我们已经获得了做任何改变的紧急授权。”伊莎贝尔确认道。“如果我们提出请求，应该会在几分钟内得到批准。”

“别担心，迪伦，我们不会从任何关键的事情开始。方法论的第一步是定义保护面。但目前，我们只会从学习性的保护面开始。”艾伦展示了一张幻灯片，上面有一条看起来像波浪的线条。波浪图的左下角被标记为“学习”保护面。随着波浪图的上升，被标记为“实践”保护面。波峰被标记为“皇冠上的明珠”。这是最关键的业务保护面，第二重要和第三重要的保护面在波浪的下方。

“吃掉一头大象的唯一方法就是一口一口地吃。每个人都在想，‘哦，我们要如何实施零信任呢？’我们的环境很复杂，所以我们将其分解成较小的部分。需要将一个大问题分解成非常小的问题，这样才能解决它。不能一次性完成所有事情。这就是为什么零信任的第一步是找到保护面。你已经知道保护面是什么了。你已经有了业务连续性计划和业务影响评估，它们会告诉你环境中最重要的应用程序是什么。”

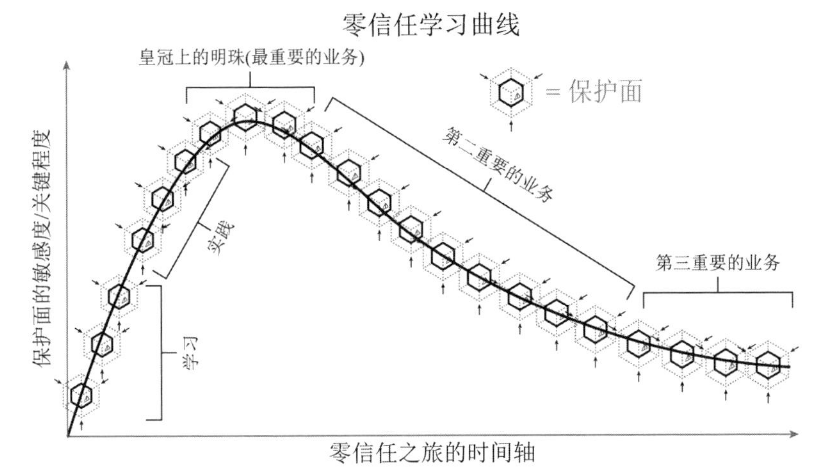

一个组织的零信任之旅应该从保护几个不那么关键的保护面开始，以便团队为以后在更复杂和关键的保护面上取得成功做好准备。——ON2IT

“那么基本的应用程序呢？”布伦特问道，“比如DNS？”

“学习保护面需要选择那些即使我们搞砸了也不会有太大影响的东西。”艾伦说，“DNS绝对是一个业务关键型应用程序，我们将留到以后再说。”

“我们为培训团队提供了一个SharePoint网站。这只是我们团队的内部网站。如果我们暂时关闭它，也不会有太大的影响，没有人会注意到。”罗斯说。

“太好了。哈莫尼，你能调出罗斯的SharePoint网站的防火墙规则吗？”

哈莫尼将笔记本电脑连接到视频墙，开始连接到具有管理网络访问权限的终端服务器。她打开了一个带有防火墙管理应用程序的浏览器窗口，并搜索所有带有SharePoint标签的策略。一个防火墙策略列表出现了，其中显示了源端口和地址以及目标端口和地址。罗斯的服务器在最后，标记为“培训团队”。

“每个保护面都是定制的，”艾伦继续说道，“所以每次选择一个新的保护面，你需要遵循相同的方法论。这是部署零信任的可重复流程。在每个保护面中部署零信任的第二步是映射事务流程。我经过惨痛的教训才学到这个。早些时候，我致力于将一些技术措施部署到保护面上。有一台Windows 98系统的计算机，客户说要把它丢掉，因为他们不可能在那上面运行任何生产服务。当然，这台计算机是连接大约5000家餐厅的销售终端的轮询服务器，一旦你把它关机扔掉，所有这些餐厅就会因为无法处理信用卡而关门了。”

“如果软件文档很差，怎么办？”布伦特问道。

“这是使用零信任方法部署软件时最常见的问题之一。”艾伦解释说，“你只需要考虑打开所需的端口和地址，别无其他。我见过一些文档说根本不要运行防火墙。有些软件使用手册没有指明需要打开哪些端口，或者有时它们会给出错误的端口号。有时它们没有记录所有加固服务器所需的依赖关系，或者它们会调用一个我们不知道是先决条件的库。你只需要记住，我们要做的就是在保护面周围创建一个微边界。不必锁定保护面内的所有东西，因为你正在将影响半径限制在该保护面内。”

“这是有道理的。”迪伦说。

“对于一些更为关键的应用程序，我实际上会建议运行数据包捕获。对于新服务，你可能会在测试环境中通过代理运行所有流量，以显示所有正在运行的端口。”艾伦说，“但在这种情况下，迪伦，你可以在服务器上运行 netstat 命令，并显示所有当前正在运行的网络连接吗？”

迪伦连接到视频墙，并将窗口移到靠近哈莫尼显示防火墙规则的窗口旁边，然后输入 netstat 命令。服务器显示出当前运行的连接会话列表，展示出协议、源和目标地址。哈莫尼滚动防火墙策略以将防火墙规则与 netstat 命令的输出并排显示。

这里有许多防火墙规则，每个规则允许访问 SharePoint 服务器的不同端口。

“有没有人注意到这张图片有什么问题？”艾伦问道。

“端口列表不匹配。”罗斯说，“防火墙策略允许打开许多不在服务器上运行的端口。”

“这比你想象的更常见。”艾伦观察到。“经常情况下，服务器会被停用并使用相同的 IP 地址构建新服务器。但是没有人告诉防火墙管理员，看起来可能就是这种情况。迪伦，注意检查你的服务器工作流程以查看停用设备。还有其他人发现什么吗？”

“我不明白，”哈莫尼说，“这里的所有规则都是关于什么可以与罗斯的服务器通信，但没有任何规则可以阻止罗斯的服务器向外部发起通信。”

“说的好，哈莫尼。这是管理员长期以来配置防火墙的最常见问题之一。

这个想法被称为“信任模型”。多年来，我们培训防火墙管理员的方式是，具有高信任度的服务器总是可以不受限制地与较低级别的服务器进行通信。但是，正如我们在SolarWinds案例和所有使用了命令和控制的恶意软件案例中看到的那样，如果你没有指定该资源只能与这些特定系统通信的规则，那么它就可以并且将会与互联网上的任何系统进行通信。在内部网络上，任何资源都不应该向互联网上的未知服务器发出请求。在零信任中，没有未知流量的概念。如果未知，则默认情况下应自动阻止。这就是问题所在。通过允许所有出站流量，你就允许恶意软件调用其命令和控制网络。如果你清除了命令和控制(C & C)，你就能阻断所有的勒索软件活动。”

“你的意思是只需要几个防火墙规则就可以防止这次勒索软件爆发？”尼格尔问道。

“每个人都想知道该购买什么产品可以实现零信任或消除勒索软件。事实上，除非你经历过整个过程，否则你不会知道答案。这就带我们来到了方法论的第三步：构建我们的零信任环境。目前你们有什么保护措施？”

迪伦开口了，“服务器上已经有端点保护，并且有防火墙。我们还需要什么？”

“这很快就会变得复杂。”艾伦说，“听起来网络设备和服务器已经有了一个带外管理系统，这是必不可少的。如果这是一个公共 SharePoint 站点，我可能会建议在架构中添加 Web 应用程序防火墙，通常被简称为 WAF。但由于这不是一个公共 SharePoint 站点，我实际上更愿意将服务器限制为仅内部通信。”

“罗斯，这对你来说可以吗？”迪伦问道。

“实际上有些东西是不公开的。我们能确保只有我的团队可以访问吗？”罗斯问道。

“更好的办法是，”迪伦说，“我们可以为你的团队创建一个地址组。”

艾伦咯咯地笑了起来。“许多组织通过 IP 地址限制对敏感服务器的访问，因此你只能从某些“秘密”服务器管理员的桌面连接到服务器。但这不是零信任。事实证明，攻击者非常擅长找出这些漏洞。我更倾向于基于组织中的角色制定规则。布伦特，这你能帮上忙吗？”艾伦问道。布伦特点点头，向哈莫尼指出了培训团队的正确角色名称。

“这看起来很像我们用于其他几个应用程序的相同架构，”哈莫尼观察到。“它几乎就像从另一个应用程序中复制和粘贴过来的一样。”

“过去我们就是这样做的，”艾伦解释道，“你只需要查看参考架构，然后为你正在设置的每个应用程序进行如法炮制。每个零信任环境都是为不同的保护面量身定制的。在我们知道需要保护什么以及它是如何工作的之前，我们无法告诉你应该有哪些控制措施。”

“穿一件通用尺码的衣服意味着更容易被偷东西？”迪伦问道。

“这不是我听过的最蹩脚的比喻。”艾伦回应道。

“我听说有些公司会聘请企业架构师为他们做这件事？”尼格尔问道。

“企业架构是组织零信任策略的关键组成部分，”艾伦证实。“他们是需要为零信任负责的群体，他们也是需要负责所有维护和支持工作的人。”

“很酷，那我们什么时候聘请这样的企业架构师呢？”布伦特问道。

“哦，我以为你知道。”艾伦笑了。“你们就是企业架构团队。恭喜你们。有很多方法可以进行企业架构。但不必雇用一个名为架构师的人来完成它。拥有一个跨部门的团队可以帮助消除壁垒，并提供非常需要的全局视角。”

整个团队沉默地相互看着对方。布伦特是第一个开口的人。“我知道我应该要求加薪。”

“第四步是制定零信任策略。我知道你们不全是防火墙管理员，但这不仅仅关乎防火墙策略。想想何人、何事、何地、何时以及为什么。这来自 1902 年鲁德亚德•吉卜林(Rudyard Kipling)的一首诗。”艾伦指着屏幕说道：

我有 6 个忠诚的仆人

他们教会我所有的知识

我称他们为“何事”“何地”“何时”

以及“如何”“为何”“何人”

“所以你们就是吉卜林笔下的 6 个忠诚仆人。不好意思，女士们、先生们。3 个男性和 3 个女性。所有这些‘W’和‘H’可以用来在第七层上替换协议、源 IP 地址、目标 IP 地址、规则集。这是我对此的解析。”艾伦指着屏幕说道：“零信任是一种策略。”

何人	何事	何时	何地	为何	如何
用户 ID	应用 ID	时间限制	设备 ID	分类	内容 ID
认证类型			系统对象	数据 ID	威胁保护
			工作负载		地理位置
			SSL 解密		URL 过滤

约翰•金德瓦格的吉卜林方法用于制定针对保护面的安全策略。——ON2IT 提供支持

艾伦的手机响了，他接起电话。他向大家道了个歉，然后离开了，而团队的其他成员则继续研究那张图表。

迪伦站起来，走到屏幕前。“这与我通常在防火墙上配置策略的方式不同，”他说。

“但我们不再只是谈论防火墙了，”哈莫尼说，“我们需要保护整个保护面。从更大的视角考虑安全策略是有意义的。”

“那很有道理。”迪伦同意道。“我们需要同时考虑所有的控制措施，以便让它们协同工作。”

“我不理解‘为何’(Why)这一列是什么意思，”伊莎贝尔说道。

“我认为那是指业务驱动因素或法规要求。”迪伦说，“策略的‘为何(Why)’可能是为了合规、实现业务目标或因为它加强了我们的零信任策略。分类和数据 ID 是为了帮助对数据进行分类以实现合规目的。”

“那‘何人’(Who)呢？”伊莎贝尔问道。

“‘何人’(Who)实际上是创建零信任的原因，”艾伦重新回到房间说道。“我们将计算机和网络拟人化，并将我们给予个人的相同信任扩展到在网络中传输的二进制数据上。但如今，我们可以将身份构建到防火墙规则中，以便个人、角色或组可以访问网站，而其他组将被自动阻止。同样，对于‘何事’(What)策略，我们可以根据数据包有效载荷中包含的数据的应用程序 ID 标记编写规则。如果我们对其进行标记，就可以自动化该规则流程。”

“然后，‘如何’(How)的描述是，我还需要对数据包做哪些其他操作来确保其安全？”哈莫尼补充道。“我们是否需要通过 IPS、沙箱或 URL 过滤进行处理？”

“完全正确，”艾伦说，“吉卜林会为我们感到骄傲。在这种情况下，让我们将防火墙上的策略限制为仅限罗斯的团队，并且只允许内部访问。这是第四步，第五步是监控和维护。”

“这是否意味着我的团队需要监控该站点？还是由其他人负责？”罗斯问道。

“SharePoint 和其他类似服务的安全性是一个挑战，因为允许与其他人共享文件的是用户自己。”艾伦解释道。“对于托管的更大的 SharePoint 站点，应该考虑使用具有某些数据泄露保护(DLP)功能的云访问安全代理(通常被简称为 CASB)。这只是一种花哨的说法，例如，你可以使用代理或端点代理来监控人们何时上传带有信用卡号的文件。但其中一些工具还会告诉你文件或文件夹何时与公众共享。在这种情况下，让我们手动查看谁有访问权限。”

“有权限访问这个站点的人比我预期的要多得多，”罗斯说，“但看起来这些文件似乎只与 MarchFit 内部的人共享。这样可以吗？”她问。

“我会说这取决于你。”艾伦回答道。“这对我们来说也是一个很好的教训。在我们提出的许多问题中，业务部门有责任决定答案。有时，我们需要帮助他们了解好的安全实践。但有时，他们出于业务需要而共享信息。为了监控和维护，我们收集所有遥测数据——无论是来自网络检测和响应工具，还是来自防火墙或服务器应用程序日志——然后从中学习。随着时间的推移，我们可以让安全变得越来越强大。”

“这是暂停我们讨论的完美时机，”迪伦说，“现在正是与事件响应团队进行每日状态同步的时间。在我们设置 Zoom 会议期间，请随意喝杯咖啡。”

布伦特和尼格尔站起来走向咖啡机，他们每个人都从不同的角度看着机器，试图弄清楚如何冲一杯咖啡。伊莎贝尔向他们展示了机器的使用方式，然后拿起她刚灌满的咖啡杯回到桌子旁。罗斯向简报中心入口旁边的洗手间走去。哈莫尼低头凝视着她的笔记本电脑，脸几乎贴着屏幕，她正在疯狂地写一封电子邮件。

迪伦登录了他们的网络会议系统，并将其显示在视频墙上，将其沿着墙的长度展开，以显示所有参会者。金和唐娜正在与努尔交谈，其他人则鱼贯进入 IT 主会议室。金穿着一套不同款式的红色西装，而努尔穿着另一套黑色西装并打着黑色领带。安全顾问彼得坐在努尔旁边，看起来他还没休息，穿着和前天一样的衣服，只是衣服上的褶皱更多了。艾普莉尔也在房间里，穿着一套黄色的运动服，看起来是刚锻炼完。还有许多人也远程登录进来。

努尔开始讲话，会议室的镜头切换到她身上。“感谢大家的加入。我们真的取得了很大进步……”话音未落，笑声打断了她的讲话。

“非常抱歉，”一个带着浓重东欧口音的声音几乎忍不住笑道，“请继续。”

“对不起，请问是谁在讲话？”努尔问道。迪伦开始滚动浏览长长的参会者名单，以查看是谁在讲话。当他看到列表中“3nc0r3”这个名字时，他的心一下子沉了下去。有人点击了说话者的照片，一张模糊的穿着黑色连帽衫的男子图像占据了整个屏幕，他戴着 KISS 乐队面具，上面有一颗星星盖住了一只眼睛。

“立刻关闭会议线路。”迪伦急切地说道，“这是那个黑客，他入侵了我们的 Zoom 会议。”

“如果我是你，我可不会那样做，这很不礼貌，”3nc0r3 仍在笑着说道，“我一直在听你们的视频会议。我知道你们已经决定不付赎金。但这是大错特错。”

“别太当真，”努尔建议道，“这只是生意上的事情。”

“我喜欢美国。你们的业务做得不错。言论自由很多。你们说了这么多话，但不知道你们是否希望全世界都知道你们说了什么？”

“你在说什么？”努尔问道。

“哦，不。”迪伦咕哝道。

“我们有你们大量的数据，”3nc0r3 说道，“我知道你们一直在讨论不付赎金。如果你们不付赎金，我将把这些数据公开给全世界。”金低声对努尔耳语道：“如果他拥有的数据只有这些，那么……”

“哦，非常抱歉，”3nc0r3 更正道。“我是说 753TB 的数据。我现在会在线上发布一个样本文件以表示我的决心。没有个人恩怨，这只是生意。”他微笑着，然后从视频会议中退出了。

艾普莉尔拿起手机说：“他已经发布了下载样本文件的链接。”

网络犯罪分子 3nc0r3 在推特上分享了一个在线样本数据的链接，以证明他实际上已经窃取了 MarchFit 的信息。#勒索软件 #网络犯罪

彼得似乎这时才醒了过来。“没有人下载那个文件。我会抓取它并通过我们的沙箱进行检测，以确保其中没有隐藏更多的勒索软件。”

关键要点

要在任何事情上取得成功，特别是在网络安全领域，需要制定实现目标的策略。在网络安全领域，目标是避免遭受入侵。零信任(Zero Trust)是取得成功的策略。但是，什么样的策略才能成功呢？策略是实现目标的计划。但还需要知道是否在实现目标的过程中取得进展，这就是为什么最好的策略是可衡量的。在网络安全领域中有许多听起来像策略的概念，但实际上并不是策略。

- **纵深防御** —— 通常将纵深防御比作洋葱，有多个层次。但是需要多少层才能安全呢？这种情况下，纵深防御作为一种策略会失败，因为它是不可衡量的。
- **合规** —— 许多企业需要符合许多不同的合规要求。尽管合规是可衡量的，但目标并不是要确保安全。合规通常是监管机构可以认可的最低要求，但每个企业的独特需求需要更加个性化的方法。
- **同类最佳** —— 与平台相比，同类最佳更多是一种有关工具效能的哲学辩论。这种方法的目的不是为了防止入侵，而是为了寻找最好的供应商。

零信任设计的 4 个原则

零信任策略的第一个也是最重要的原则是确保了解企业如何赚钱以及组织希望实现什么目标。零信任应与业务结果保持一致，而不是影响业务有效运营。有很多工具或产品可以帮助你完成零信任之旅，但务必牢记这四项原则以专注于大局。

(1) 注重业务成果。

(2) 由内向外设计。

(3) 确定谁/什么需要访问。

(4) 检查和记录所有流量。

零信任设计五步法

为了实现你的零信任之旅，你需要遵循一个可重复的过程。第一步是将你的环境分解成需要保护的更小的部分。许多组织致力于减少其攻击面的范围。攻击面是威胁行为者可能利用的所有可能攻击点，以访问系统并窃取或渗出数据。实际上，对于一个拥有远程工作人员的全球组织而言，攻击面可能涵盖整个世界。零信任设计方法不是关注你难以控制的“攻击面”，而是关注你可以控制的“保护面”。每个保护面都通过执行以下 5 个步骤来帮助你将任何攻击的影响范围限制在环境内的一部分。

(1) 定义保护面。

(2) 绘制事务流程图。

(3) 构建零信任环境。

(4) 创建零信任策略。

(5) 监控和维护。

零信任实施曲线

当开始零信任之旅时，你需要从非关键业务系统开始，按照五步法进行。创造一个学习环境，使错误不会对你的组织产生影响。如果你已经有了业务连续性计划(BCP)或业务影响评估(BIA)，这些文件应该已经对业务最重要的应用程序进行了分类。一旦你准备好开始关键保护面的工作，你应该首先关注最重要的系统，以尽快保护你的“皇冠上的明珠”。

- 学习保护面
- 实践保护面
- “皇冠上的明珠” (也称为关键业务保护面)
- 第二保护面
- 第三保护面

第3章 信任是漏洞

当迪伦走进 MarchFit 办公室时，他的手机响了。这是他买药的药店发来的自动录音，他把电话放在耳边听着。在他前面，一个男人正为一个拿着盆栽的女人打开通往 MarchFit 南侧走廊的门。当迪伦经过安保处时，他看到两个计算机显示器，每个显示器上都显示着 16 个摄像头的画面，但是画面太小了，他看不清画面中发生了什么。保安正在和桌子另一边的一个女人说话，没有看摄像头画面、入口或迪伦。迪伦继续朝入口走去，这时另一名保安人员走进了门。迪伦没有刷他的员工卡就跟着他走了进去，他意识到员工卡还在他的口袋里。他甚至没有像规定的那样在建筑物内随时出示自己的员工卡。

安全门内是电梯的前厅。保安走进其中一部电梯，并为迪伦按住了电梯门，但迪伦指了指自己的手机，挥手示意他不用等。保安点了点头，关上了电梯门。在房间的对面，有一扇门通向对安全级别要求更高的办公空间，门前有一个刷卡设备，需要刷卡才能进入。这扇门被撑开着，迪伦可以看到一个送水工人正在将装满瓶装水的手推车推过一个过道。迪伦也穿过了这扇门。

迪伦现在已经熟悉了公司的办公室，但他在公司的时间还不够长，大多数人还不认识他。他想知道在被拦截之前，他能在办公室内走多远。是否会有人阻止他呢？他按下通话结束按钮 —— 录音已经重复了两遍 —— 然后继续往前走。

迪伦继续把手机放在耳边，四处走动，像是第一次到这里一样观察着走廊。他注意到了天花板上嵌入的摄像头的位置。虽然他无法确定它们朝向的方向，但好像有些路线可以避免被看到。他经过一个房间，里面有几台打印机，办公用品排列在墙边。有一堆印刷文件等待被取走，打印机旁边放着一个装满文件的回收箱。迪伦路过时并没有查看这些文件，但这让他想知道是否有可以处置敏感文件的上锁的碎纸箱。当他继续无人监督的游荡时，他并没有看到任何碎纸箱。

他沿着靠近研发实验室的走廊走下去，走廊的两侧排列着6英尺高的文件柜。每个文件柜的钥匙都方便地放在柜子顶部中心的锁里。迪伦意识到，如果他锁上锁并拿走钥匙，他就是在做一种模拟版的勒索软件。

走廊的尽头是一扇玻璃门，读卡器的红灯在闪烁。墙后的空调发出沉闷的嗡嗡声，他意识到这可能是通往MarchFit数据中心的大门。

一个工程师走了出来，迪伦小跑着快步朝门口走去。于是那个人停下来为迪伦撑着门，防止门被关上。迪伦还在假装打电话，向那个人点了点头，然后继续沿着走廊走下去。

迪伦走进数据中心所在的房间，房间里散发出来的冰冷空气扑面而来。他随手把门关上，环视了一下整个房间。这个数据中心有1000平方英尺左右——这不是他曾经见过的最大的数据中心，因为MarchFit的大部分运营都是在云端进行的。房间里有几排机柜，上面闪烁着服务器、存储设备、防火墙、路由器和交换机等设备的指示灯。许多机柜的门都略微敞开着。门边上放着一个塑料手推车，迪伦短暂地考虑过取下其中一台服务器，然后走出去，看看需要多长时间才会有人注意到。

一位服务器管理员走过拐角处，差点撞到迪伦。“哦，对不起，”那个人说，“你在找人吗？”

“我本来应该在这里见努尔的，但我来得有点早了，”迪伦撒谎道，“我去她的办公室找她，”他说，然后走出了数据中心。

迪伦走进简报中心，发现团队已经开始了会议，并没有等他。艾伦正在与团队一起回顾五项设计原则，并在视频墙上展示了这些原则。

(1) 定义保护面。

(2) 绘制事务流程图。

(3) 构建零信任环境。

(4) 创建零信任策略。

(5) 监控和维护。

艾伦说："我们已经完成了一些保护面练习，但我认为现在是时候转向学习保护面了。我们需要一个稍微复杂一点的保护面。有人有建议吗？"

迪伦说："我们来看看我们的物理安全怎么样？"他坐下来打开了他的笔记本电脑。

"我认为这是一个很好的选择。"艾伦说。

布伦特说："我认为我们想要研究那些即使我们把它们弄坏也没关系的系统。如果我们把所有人都锁在外面，人们不会生气吗？"

"实际上，"哈莫尼说，"门禁设计用于在网络出现故障甚至停电时都可以工作。我认为门禁有一个本地数据库，所以他们会记住最近进门的人的权限。最坏的情况是，我们可以像事故发生时那样把门撑开。"

迪伦开始解释他早上关于物理安全的实验。

"太棒了，"尼格尔说，"我不知道你这么狡猾。"

"这就是问题所在——我并不狡猾。我只是让别人转移注意力了。"迪伦承认道。

"物理安全是零信任的完美类比，"艾伦说，"它更容易讨论，因为我们不是在讨论想象中的看不见的东西。我认为人们本能地理解安全。安全感是我们作为社会动物聚集在一起的原因之一：我们聚在一起是为了互相保护。尽管我们讨论零信任如何消除边界，但对我们来说，有一个讨论的基础仍然很重要。所以我对小组提出的第一个问题是物理安全从哪里开始？"

"是大楼的门吗？"布伦特问道。

"建筑物周围的围栏呢？"罗斯问道。

"还是视频监控系统？"哈莫尼说。

"安保人员呢？"尼格尔问。"如果围栏后面没有守卫，任何人都可以跳过围栏。"

"你们都在讨论边界安全的要素。这在人类必须穿过边界才能进入建筑物的物理世界中是有意义的。但这不是网络空间的运作方式。请想象一下，如果有人像《星际迷航》中那样发明了传送器，会发生什么？这些边界控制仍然很重要，但你需要改变对安全的看法。在零信任中，答案是保护面。"

"这意味着什么？我们如何改变边界？"布伦特问道。

“这是我们需要为每个保护面提出的问题。因此，为了物理安全，我们需要了解我们正在保护的是什么。是楼里人员的生命安全吗？是数据中心的服务器吗？是计算机吗？还是纸质文件？”

“以上不都需要保护吗？”迪伦问道。

“是，也不完全是。”艾伦回答道。“同样，物理安全为我们提供了另一个很好的零信任比喻。在建筑物内部，我们创建了不同的区域，允许任何人自由行走。如果你获得了进入办公区域的权限，你就可以去任何隔间。这是一个封锁的例子。如果发生了什么不好的事情，我们就将损害的影响半径限制在一个区域内，但希望其他区域仍然安全。在此示例中，我们将控制措施放置在我们要保护的事物附近。我们在数据中心周围放置了摄像头、灭火装置和门禁，但也许我们不需要在停车场设施周边安装所有这些东西。但这正是我们在网络安全中所做的，我们在互联网边界上安装防火墙就算完工了。”

“这不就意味着我们需要更好的防火墙吗？”布伦特问道。

“遗憾的是，存在第二个攻击面。它被称为内部网络。”艾伦笑着开了个玩笑，然后继续说道。“当我们研究事件时，有一个叫作驻留时间的概念。我们想知道攻击者在被发现之前在网络中驻留了多长时间。当没有做任何遏制措施时，驻留时间会很长。据报道，有时网络犯罪分子在被发现之前已在网络中驻留了 6 个月或一年才被发现。对于 MarchFit 的物理安全，确实有不同的区域和安全检查点。迪伦到达数据中心后很快就被注意到了，但在他被注意到之前，他本可以在办公区待上很长时间。”

哈莫尼双臂交叉，靠在椅子上。“因此，如果我理解得没错的话，零信任的理念是将控制措施从边界移到更小的保护面。这使我们能够针对每个保护面使用更细粒度的控制？”

“说得好，哈莫尼，”艾伦说道，“而且这些更小的保护面使我们能够更快速地改变策略。例如，如果总统来访，可能会限制员工通常可以进入的某些区域。我们仍然通过摄像头监控边界，因此可以在事物进出建筑物时发出告警，就像我们想要记录通过我们防火墙的所有流量一样。”

“但是通风管呢，就像在电影《虎胆龙威》中一样？”布伦特问道。

“事实证明，我们现在已经拥有一位出色的物理安全方面的资源，”艾伦继续说道，无视布伦特的问题。“我去问问努尔我们是否可以借用他。”艾伦用手机发送了一条信息。几分钟后，彼得·刘敲响了行政简报中心(EBC)的门，走了进来。

“你们找我？”彼得问。

“彼得，很高兴再次见到你。”迪伦说，“恢复工作进行得怎么样？”

“我们在沙箱中打开了 3nc0r3 发布的文件，看起来没有问题。努尔和她的团队正在审查数据，看看是否合法，并希望能找到它的来源。”彼得说，“但我以为你们在零信任方面遇到了问题？我不确定能提供多少帮助。”

“我想问问你有关物理安全的问题。”艾伦解释道。“你们知道彼得是我们事件响应的首席安全顾问，但我在他之前的公司就认识他，他在那里从渗透测试开始做起的。他有一种真正的天赋，能够渗透进世界上一些最安全的设施。”

彼得耸耸肩，“过去的事已经过去了。”

“让我们看一下刷身份卡时发生的事务流程，”艾伦说，“你会如何利用门禁系统中的信任关系进入建筑物？”

彼得沉思了片刻，然后举起他的访客卡。“MarchFit 使用感应卡系统。我没有查看过你们的门禁卡系统，但假设这些卡没有加密，你可以在网上买到便宜的 RFID 克隆器。我只要克隆一个有访问权限的人的身份卡，我就可以进去。”

“什么？真的吗？”伊莎贝尔问道。

“暂时假设身份卡是加密的。那么你希望利用什么样的信任关系？”艾伦问道。

“仍然有一些方法可以绕过加密。”彼得说，“如果我是一个国家级别的黑客，我可能会黑掉门禁系统公司。”

“那有什么用呢？”布伦特问道。

“大多数门禁系统公司为其所有客户使用相同的加密密钥。你必须非常客气地询问才能获得你自己专用的加密密钥。”彼得解释道。“所以，如果你戴着锡箔帽，你就可以像中央情报局特工那样想去哪里就去哪里。但除此之外，我还想查看一下门禁公司的读卡器。”

“你可以破解我们的读卡器？”哈莫尼问道。

“那不是我的第一选择，”彼得笑道，“根据读卡器的不同，我有几种选择。

考虑建筑物的年代，我预计这些读卡器没有联网。较旧的读卡器通常被接到一个控制面板上，并且在大多数情况下，较旧的读卡器使用一种称为 Wiegand 的协议。该协议发明于 20 世纪 80 年代。有些‘油管’视频教学演示如何在读卡器后面安装小型窃听器以收集所有未加密的卡片凭证，你可以利用这些信息获得访问权限。”

“没有办法加密那些数据吗？”迪伦问道。

“有一种较新的协议叫作开放式监控设备协议(Open Supervised Device Protocol，OSDP)，支持加密，但并不是每种读卡器都支持。如果读卡器使用无线或有线网络连接，也会遇到同样的问题。仍然必须启用加密。我发现大多数安装读卡器的物理安全集成商并没有对它们进行安全配置。他们只是想尽快完成安装。而且他们不想总是来现场，因此他们还会配置这些系统以进行远程访问。所以我想看看是否能找到一种方法来远程进入，并为自己提供想要的所有访问权限。”

“你真的做过所有这些吗？”哈莫尼的声音中带着一丝羡慕。

“这就是找到最容易的进入方式。如果我能找到一份清洁工的工作或者假扮成一个清洁工，可能不需要太高的技术水平。我们来实地看一下吧。”彼得说着站起来朝门口走去。

一行人跟着他走下楼梯，来到大厅的安保处。那里有两台计算机。一个正在运行读卡器系统并被配置为可以打印访客身份卡。另一个是双显示器，分割成小窗口用来显示视频监控图像。保安主动走过来问道：“有什么可以帮忙的吗？”

“我们可以跟你们负责安保计算机的人聊一下吗？”彼得问道。前台的保安点点头，拿起对讲机说了几句话。在他讲话的时候，哈莫尼在计算机前坐下并开始单击鼠标。

还没等安保人员说什么，哈莫尼惊呼道：“这台计算机还在运行 Windows 7 系统？”

“微软公司对这个操作系统已经停止维护多久了？”布伦特问道。

“我不明白。我们的支持团队在几年前就已经完成了 Windows 10 系统升级项目。”伊莎贝尔说道。

“这些计算机可能不在域中。它们由安保系统厂商提供。”彼得说道，“遗憾的是，这很常见。”

“但是它们连接到我们的网络上了。”哈莫尼通过在命令提示符中运行了 ipconfig -all 命令进行了确认。“这些计算机连接到了与其他工作站相同的网络上。”然后她运行了 netstat 命令。“等一下，这台计算机也是运行门禁系统的服务器吗？它连接到了一些在用户子网上的本地设备。我们把门禁读卡器和其他设备放在了同一个网络上？”哈莫尼感到震惊。

“遗憾的是，”彼得说：“如果没有一个熟悉零信任概念并且能够反驳并设计网络的基础架构团队，那么你的物理安全集成商将尽其所能使计算机运行起来，只是不会考虑任何其他后果。”

“我们来聊聊流程吧，”艾伦说着，转向从位于 MarchFit 北侧的办公室里走出来的安保经理。这位保安比迪伦高出几英寸，穿着一件带有安保公司标志的深蓝色制服，袖子上绣着该安保公司的标志。他的员工身份卡上写着“格伦”。

“当新员工入职时，你们如何准备他们的员工身份卡？”艾伦问道。

“我们会在星期五收到一封电子邮件，告知我们下周一有新员工入职。”格伦双臂交叉在胸前回答道。“当然，他们到达办公楼时我们会要求他们出示身份证件，然后我们会为他们拍照。”

“你怎么知道他们可以拥有进入办公楼中哪些区域的权限？”彼得问道。

“除非人力资源部说他们需要进入其他地方，否则我们只给他们基本的权限。我们只需要点击这里的下拉菜单，”他指着屏幕说，“然后选择他们需要加入的门禁组。”

“随时有人可以坐在这里进行操作吗？”迪伦问道。

“这里总是有人在的。”格伦辩解地说。

迪伦记得他第一天到这里时安保处并没有人，但他选择什么都不说。相反，他问，“当你们换班时，你是否必须退出系统并让接班的同事重新登录系统？”

“不是。这对安保人员来说太复杂了。并非我们所有的工作人员都知道如何打开摄像头或读卡器系统。对某些人来说要求太高了。”格伦解释道。“我们必须保持系统窗口一直开启，否则在换班期间事情会变得非常混乱。”

“如果出了什么问题，怎么办？”迪伦问道。艾伦点了点头，好像他也想问同样的问题。

“哦，我们有门禁系统公司的电话号码。他们可以远程进入系统，并快速让一切恢复正常。”格伦说道。

哈莫尼在桌子前坐下，开始查看计算机。几秒钟后，她说，“哦，糟糕。他们已经安装了自己的远程访问软件。”

“为什么糟糕了呢？”罗斯问道。

“攻击者很容易通过那个软件进入系统。我们或许应该关闭它。对吧，艾伦？迪伦？”她看着他们两个人说道。

艾伦点了点头，但竖起手指说：“在我们讨论架构之前还有几个问题。你们是怎样接待访客的？”

“哦，你应该知道，因为你现在戴着的就是访客卡。”格伦指了指艾伦佩戴的访客卡。

“那让我们为不知道的人解释一下这个流程。”艾伦说道。

“这个流程和给正式员工发放员工卡的流程一样，只不过访客卡是临时的，并且卡片会被回收再利用。我们必须有一个正式的员工担任他们的联络人，在他们在办公楼内期间监督他们。我们会复印他们的身份证或驾照进行存档，以备后续发现问题时有记录可查。”格伦解释道。

“你们的摄像头是出了什么问题吗？”迪伦指着其他显示器上的摄像头画面问道。

“哦，是的。经常有这样的情况。”格伦说道，“有些摄像头画面会卡住，我们必须使用梯子爬上去重新启动它们。”

“它们多久会卡住一次？”迪伦问道。

“有问题的摄像头？至少每周一次。但你永远不知道哪些会出问题。我们必须监视巡逻的安保人员，并通过对讲机通告图像是否卡住了。通常我让夜班安保人员负责这个工作。但有时候我们回来会发现录像并没有成功。第一次发生这种情况时，我以为是黑客，但结果是硬盘已经满了。”

哈莫尼拿出她的笔记本电脑，开始在命令行提示符下输入。然后她打开了一个浏览器，点击了几下后，安保处对面的摄像头的图像就显示在她的屏幕上。“摄像头也连接在网络上。”她说，“我只是随便猜了一下密码，这个摄像头的密码是 MarchFit。”

“我想你会发现其他楼宇自动化系统或空调也有类似的配置。承包商唯一的要求就是让系统正常工作。如果系统不安全，他们无须承担任何责任。需要通过合同和监督提供安全保障。”彼得解释道。

“这是我们在实施零信任策略时需要牢记的第一课。”艾伦说道，“当我们考虑事务流程时，我们不仅仅是在讨论数据包如何从 A 点到 B 点，还需要考虑业务流程和关系，以便获得全局视角。让我们返回企业业务中心(Enterprise Business Center，EBC)，思考应该采取哪些措施来解决我们发现的问题。”

一行人走回楼上，但彼得在入口处停了下来并阻止他们进去。“我还有最后一件事要给你们看。当我们离开企业业务中心时，门上方有一个运动传感器，可以自动解锁门。这比必须按一个按钮才能出去更方便，但这也存在一个问题。”彼得透过玻璃向上指了指，他们可以看到传感器上的绿灯。彼得开始把他口袋里的一张纸折成一个纸飞机。他把它滑进门玻璃和企业业务中心墙玻璃相接的小缝隙中，然后轻轻地将它扔进房间。它在“着陆”前滑行了几英尺，但这足以触发运动传感器。彼得没有刷他的卡就打开了门，然后用手把着门并像魔术师一样弯腰鞠躬。

当每个人都回到企业业务中心时，艾伦在视频墙上打开了一个浏览器，然后访问了一个名为 Shodan.io 的网站。开始搜索他们在安保计算机上看到的 IP 地址，并显示了一个很长的设备列表。艾伦单击其中一个 IP 地址，它显示了有关该设备的很多详细信息。“互联网上有很多关于 MarchFit 的设备的信息。听起来哈莫尼对改进我们的架构有一些想法。哈莫尼？”

“我要做的第一件事就是把所有的摄像头和读卡器都移到私有网络上。我也不认为摄像头或读卡器需要与其他设备在同一个网络上。我们可以将它们全部放在单独的不可路由的网络上，这样就没有人可以访问它们。”

“这是微隔离的一个很好的应用场景。”艾伦表示同意。

“为什么那样做？”伊莎贝尔问道，把她的椅子转向艾伦。

“你听说过‘永远不要把鸡蛋放在同一个篮子里’这句话吗？”艾伦问道。她点点头，他继续说道：“微隔离只是意味着我们将不同种类的鸡蛋放在不同的篮子里，以将它们分开。你们还有没有其他能想到的？”他环顾房间问道，“也许每个摄像头都应该使用不同的密码。”罗斯建议道。

“这是一个很好的建议，”艾伦说，“但我们也需要考虑管理所有这些不同密码的复杂性。安保需要密码保险箱吗？摄像头管理公司可以管理吗？这是创建零信任策略的良好过渡。MarchFit 已经在接待访客方面制定了一些好的策略。一般来说，我们希望人们在显眼的地方佩戴访客卡。你们还有其他的建议吗？”

“也许我们应该让安保人员单独登录摄像头和读卡器系统，以防有人在他们分心时搞破坏。”迪伦建议道。

“我们可以张贴海报提醒人们注意尾随吗？”罗斯问道。“绝妙的建议。”艾伦说。

“我们绝对需要一个更好的流程来让安保公司远程访问这些系统。”哈莫尼说，“布伦特，我们能为他们申请一个访客账户吗？他们至少应该使用 VPN 进入。另外，我们应该使用最新的操作系统。”

“那时间呢？”尼格尔问。

“还没到午饭时间呢。”布伦特回答道。

“不，伙计，”尼格尔纠正道，“我们可以根据不同的时间段使用不同的访问策略吗？也许有些人在下班后或周末不需要访问系统。这也是策略，对吧？”

“你是对的。”艾伦确认道。“当我们谈论监控时，如果有人在其中一个时间段意外进入系统，我们可能需要考虑触发额外的告警。”

“对于监控和维护阶段，”迪伦开始说，“如果我们让安保人员使用唯一的登录账号，那么在发生变化时我们会有更好的审计跟踪。”

“这绝对是最佳做法，”彼得补充道，“我还建议将物理安全日志发送给 SIEM。可以使用刷卡记录作为行为触发器，根据员工是在办公室还是在家工作来进行判断。”

“有没有办法将摄像头系统与读卡器系统集成在一起？”罗斯问道。

“这是个好主意。”彼得说。

“我们为什么要这样做？”布伦特问道。

“我以前见过，”彼得说，“当有人刷卡时，他们的照片会在视频屏幕上显示，以便安保人员可以核实视频中的人确实是刷卡者。并非所有视频系统都支持，因此我们必须检查两个系统是否有 API。”

“我有个主意，”伊莎贝尔说，“我们可以在访客进门时向被访问的员工发送电子邮件吗？如果有人到处游荡，这可能会有所帮助。”

“这是一个绝妙的建议。”艾伦证实道。“我还建议我们让读卡器系统每天或每周生成报告，发送给负责特定区域(如数据中心)的员工。但是你们忽略了一个最重要的问题。”

团队陷入了一段尴尬的沉默。迪伦最终打破了沉默。“我们忽略了什么？我想不出来。”

“安保人员有几个摄像头无法正常工作的问题。当他们看到问题发生时，他们有一个事件响应流程。他们能够重新启动是件好事，但是对于零信任，我们需要找到问题的根本原因，以主动防止问题再次发生。”艾伦回答道。

关键要点

没有物理安全就没有网络安全。如果威胁行为者可以随意进入你的数据中心，那将是一场灾难。然而，如今的读卡器和视频监控系统使得物理安全与网络安全密不可分。

物理安全系统的网络安全控制常常被忽视。通常，这些控制由第三方集成商作为新建筑施工的一部分或在公司搬入办公楼时安装。很多时候，不同的第三方安保公司将负责日常使用该系统。当一个系统涉及如此多的不同团队时，通常很难确保安全，因为没有一个团队负责该系统的安全性。识别保护面的一个重要部分是了解谁对该系统负责。

你无须知道如何开锁即可访问安全设施。如本章所述，一些渗透测试人员会使用廉价的 RFID 克隆器来克隆卡片。有时还有更简单的方法，比如在门下滑动一张纸来触发运动传感器，该传感器会自动解锁门以方便员工。有时，建筑 HVAC 系统会在房间内产生过大的气压，导致门无法正确关闭。有时，员工会为了方便会让门常开。

物理安全是零信任的完美类比。在设计物理安全控制时，我们自然会围绕试图保护的事物进行控制。当组织执行物理渗透测试时，他们常常惊讶地发现犯罪分子可以使用简单的方法获得对设施的完全访问权限。但由于这些系统内置的容错功能，它们可以成为学习保护面的一部分，而不用担心会导致整个系统崩溃。

作为读卡器流程的一部分，需要映射多个不同的事务流程。首先，读卡器处理刷卡的流程；然后是分配凭证的流程；最后，应该有一个单独的流程帮助访客临时访问公司设施。本章重点介绍零信任设计方法的事务流程映射部分，重要的是要注意单个保护面内可以有多个事务流程。一些保护面可能包括多个应用程序，如本章中的示例同时使用卡访问和闭路电视(CCTV)监控。

如今，许多组织都为员工使用感应卡，这样他们只需要将卡轻触读卡器即可，而无须使用磁卡刷卡，尽管磁条读卡器至今仍在使用。只要刷卡，磁条卡上的身份信息就可以被轻松读取，因此攻击者需要拥有实物才能进行复制。然而，RFID 卡可以被远距离复制从而暴露凭证，除非卡被加密。虽然一些感应卡可能会被加密，但有一些方法可以解决这个问题。例如，卡片生产公司可能会为其所有卡片使用同一个加密密钥。读卡器通常连接到控制面板，并且许多读卡器没有被配置为在读卡器和面板之间使用加密通信，因此犯罪分子可以在读卡器后面放置一个嗅探类装置以窃取用户凭证供以后访问使用。其他读卡器使用以太网或无线通信，这些通道也需要加密通信。

读卡器和摄像头通常放置在公共网络上，组织内外的其他设备都可以访问这些网络。Shodan 等搜索引擎可以轻松扫描易受攻击的 IoT 设备，例如暴露在互联网上的摄像头，而此类设备通常会作为进入企业网络的入口点而遭到破坏。出于这个原因，读卡器和摄像头都是零信任概念(称为微隔离)的理想选择。

在许多企业网络中，所有联网设备，包括计算机、打印机、读卡器、摄像头、空调系统等，都放置在同一网络或虚拟局域网(VLAN)中。在这个标准配置中，计算机可以与打印机通信，但它也可以连接到摄像机或用于接管空调系统。换句话说，通过将所有设备置于同一个 VLAN 中，表示我们信任所有这些设备可以相互通信。

微隔离创建更小的 VLAN 或区域，其中只允许需要相互通信的设备位于同一区域中。员工计算机放置在一个区域，而打印机放置在另一个区域，并且只允许我们希望发送到打印机的网络流量。为了物理安全，只有需要连接到读卡器或摄像头的设备才能访问——通常是卡访问服务器或视频存档服务器。因为保安的工作站不是可信设备，所以不允许直接与摄像头网络通信。相反，它应该与一个经过加固的中间服务器通信，专门设计该服务器用于仅允许安保人员被授权查看的摄像头。

安保人员提到系统出现问题，有时会忽略这些告警。他们知道如何在摄像头死机时解决问题，但他们从未从根本上解决问题。

事件管理和问题管理之间存在很大差异。事件管理就是你用来实时响应事件的流程。网络安全团队通常建立在拥有成熟的事件响应流程和计划的基础上，以便在事件发生时做好准备。问题管理的重点是找出所有类别事件发生的根本原因并防止其再次发生。如果一个组织只关注事件管理而不解决事件产生的根源问题，那么他们将面临陷入救火模式的风险。团队可能会对告警变得麻木，一些有问题的告警可能会因此被忽视。零信任之所以成功，是因为它解决了事件的根本来源—— 信任。零信任试图通过问题管理来帮助预防或遏制未来的事件。

第4章 皇冠上的明珠

迪伦敲了敲唐娜办公室微开的门。“现在有空聊几句吗？”他问。唐娜戴着一副大号降噪耳机，手指在一个大型手动计算器上敲着，她打字时计算器会在收据上打印数字。迪伦走了两步，并挥手以引起她的注意。

“迪伦？你好！”唐娜说，从整齐摆放成堆的文件上俯视着，这让迪伦想起了市中心地图的三维渲染图。她摘下耳机说：“来得正好，我快做完手头的工作了，请坐。”门口附近的一张小圆桌上堆放着很多活页文件夹。最上面的写着“2021 年度审计报告”。

“零信任计划进展如何？”她问。

“过去几周我们已经开始取得进展了。但是顾问把我赶了出来，说我需要弄清楚这家公司是如何赚钱的。伊莎贝尔建议我先从您这里开始。”迪伦说着在圆桌旁的椅子上坐下。

“你找的确实是个好顾问。你想知道什么？”唐娜问。

“我知道每台 TreadMarch 的利润率都相当不错，还有适合工作的运动服装，月度订阅也占其中很大的一部分。零信任需要能够同时保护和促进业务的发展。”迪伦解释道。

“那个黑客怎么办？”唐娜一边问一边绕过办公桌坐在迪伦旁边的椅子上。

“遗憾的是，他发布的数据是真实的。但庆幸的是，这只是一堆来自跑步机的旧遥测数据，存储在云端，所以里面没有任何个人信息。我认为这凸显了我们现在所做的工作的重要性。”迪伦边说边将记事本翻到空白页，并在顶部写下了日期。

“那你有什么想问的问题吗？”唐娜问。

“作为首席财务官，您现在最优先考虑的是什么？”迪伦问道。

“今年我们将重点关注几个关键领域。需要确保我们拥有财务数据，以便我们的领导层能够做出最佳战略决策。”唐娜解释道，“由于人们不再去健身房，疫情大大增加了我们的盈利能力，但我们不认为这种情况会持续太久。同时，我们正在为推出新产品做准备，我们预计这将使公司朝全新的方向发展。为了能够应对现有消费者和新消费者的需求，并在正确的时间投资正确的领域，我们必须拥有正确的洞察力。”

“我觉得你们基于数据进行决策真的很酷，”迪伦说，“您是否有足够的支持获得所需的见解和洞察？”

“哦，数字总是有故事要讲。你只需要听它们讲述。我猜你正在调查伊德斯(Ides)吧？”唐娜问。

“伊德斯？”迪伦问道。

“哦，你还没听说过这个名称吗？”唐娜抱歉地说道，“这是大多数人称呼我们的企业资源计划系统(ERP)的方式。它被亲切地称为‘三月的伊德斯’。那是居里斯•凯撒(Julius Caesar)被杀害的时候，有一个女巫告诉凯撒要当心三月的伊德斯。所以，要当心。”

“伊德斯有问题吗？”迪伦问道。

“没什么特别的。它非常复杂，我认为没有人知道它是如何工作的。几年前，他们在信用卡安全方面做了很多工作。现在我们的商店使用端到端加密，这意味着信用卡号在读卡器本身被加密，并且在到达支付处理器之前不会被解密。这大大降低了我们在信用卡合规方面的成本，因为我们的控制要简单得多。这是零信任的一个例子，对吧？不信任设备或网络降低了我们的成本。如果你想看的话，我刚刚签署了我们最新的 PCI 合规报告。我确定我能在这里的某个地方找到它。”她站起来，开始翻看桌上不同叠的活页文件夹。几秒钟后，一个标有 PCI 评估结果的活页文件夹就到了迪伦的手中。

“我会了解一下。”迪伦说，将活页文件夹放入背包。“我实际上希望这只是谈话的开始。我一直认为财务部门是安全团队的另一部分。你们帮助制定预算，同时也防止欺诈。我们需要您的专业知识来帮助确保我们再也不会发生被入侵行为。您现在最担心的问题是什么？”

“那钱如何离开组织呢？”唐娜说，“所有这些业务电子邮件诈骗事件不就是这样发生的吗？”

“是的。假设我有一个新的供应商，比如这位顾问。您怎么知道要付钱给谁，付多少钱？”迪伦问道。

“这很简单。我的团队成员会将供应商输入伊德斯，然后我们会附上发票并开一张支票。”

“谁有权限创建新供应商或开具支票？”

“我团队里的每个人都有权限，”她说，但犹豫了一下，“我不知道我团队以外的人是否也有权限。在我的上一份工作中，我曾经收到过有关这方面的报告。我们也可以这样做吗？”

“当然可以。所有新创建的供应商的报告呢？还有所有发票呢？”

“那太棒了。”唐娜说，“我认为我们需要购买一些新软件才能做到这一点。我一直希望我们可以对发票进行多次审批。这也是我们可以做到的吗？”

“我们一定要这样做！我总是喜欢在考虑技术之前先考虑流程。”迪伦说，“我们总是专注于获取最新的技术来解决我们的问题。但人们最大的挫败感始终是他们需要做一些事情才能完成工作，而技术却让这变的更加困难。”

“流程先于技术。我可以借用这个观点吗？”唐娜问。

“当然，”迪伦笑道。

“这很有意思。我认为我们都在做同样的事情。”唐娜说，“我需要伊德斯实时了解业务如何运作，以保护业务不走错方向，而你需要了解业务如何运作，以保护伊德斯。这其中有一个很好的对称性，你觉得呢？”

迪伦走进 MarchFit 大厅时充满了活力。他注意到 MarchFit 的标语刻在入口建筑物上方的墙上：“每一步都很重要”。当他走上楼梯到达会议室时，迪伦想起了他在家中跑步机上走过的所有步数。他想起了过去两年中在电话会议期间散步的所有户外步行路程。当时似乎每一步也没有什么特别的意义。但每一步都让下一步成为可能。

他在会议室门外停了下来。艾伦在视频墙前解释着什么，但迪伦听不清楚。

他看着团队成员互动，每个人都从他们面前的人身上汲取能量。

哈莫尼站着，活力十足地向艾伦做着手势。迪伦轻轻拉开门，以便能听清楚他们说话。“我经常听到安全专家们谈论我们应该只做基础的事情，但他们从来没有说过基础是什么，除了打补丁和多因素认证。零信任不就是我们正在做的吗？”她问道。迪伦看到团队如此真正投入其中，深感欣慰。

“只强调要遵循最佳实践的问题之一在于每个人的环境都是如此不同。”艾伦解释道，“遵循最佳实践是很好，但实际上你可以通过很多不同的方式实现它们，而如何实现它们以及在什么环境中实现它们需要对环境有很多具体的了解。作为一种策略，零信任可帮助你将精力集中在保护组织安全的最有效方法上。这就是为什么制定事务流程图是你需要做的首要事情之一。”

“我们已经准备好开始第一个主要的保护面了。”艾伦在迪伦走进来时说，“你的业务连续性计划有几个需要保护的高优先级应用程序，但我认为我们已经准备好开始在 ERP 系统上工作了。在之前我们研究过的应用程序中，我们主要关注基于网络的控制，但要在 ERP 中实施零信任，需要更深入地研究应用程序。”

“我们称之为伊德斯。”迪伦说。布伦特和尼格尔都傻笑起来。

“听起来你已经准备好提防三月的伊德斯了？”艾伦说，“我认为你与利益相关者的对话进展顺利。你了解过 ERP 系统吗？”

“看来我们赔钱的方式比赚钱的方式多得多。”迪伦沮丧地说。

“迪伦，你不仅仅是在学习业务成果，”艾伦鼓励道，“你正在建立关系和信任，你需要帮助维持我们正在做出的改变。我们需要使安全与业务保持一致，而你不能躲在会议室或数据中心里做这件事。业务中的人就是业务，你必须与他们保持一致。”

“这很有帮助，但 ERP 系统庞大且极其复杂，”迪伦说，“但我们会试一试。”

“不！”艾伦说，“不要试，要么做，要么不做。没有试这一说。”桌边坐着的人听后发出一阵大笑。“抱歉，我一直想这么说。”艾伦在笑声中回答道。

“我们应该从哪里开始？”罗斯问道。

“我很高兴你提出这个问题，罗斯。”艾伦又变得认真起来。“我很抱歉没有早点告诉你这件事，但当我们开始时，我请了一名安全顾问进行评估。她已经准备好向我们提交她的报告了。”点了几下鼠标，视频墙上出现了一个 Zoom 会议窗口，一个女人出现在屏幕上。“这是彭(Peng)。我们合作过几个项目，她是一名 ERP 安全专家。彭，你有什么发现吗？”

“让我们从好消息开始。”彭分享了她显示报告文本的屏幕。“我们看到您的 ERP 系统已经采取了一些良好的安全措施。我们首先关注的是应用程序本身的默认用户名。这些用户名已经被更改过。看起来其中许多默认值已更改为对凯撒大帝(Julius Caesar)的引用。”

“这就说得通了。”哈莫尼笑了起来。

“此外，ERP 系统已配置为默认加密所有流量，包括与数据库的后端连接。并且数据库本身也被加密，因此即使运行数据库的服务器遭到破坏，攻击者也无法访问数据。虽然数据库加密不是必需的，但有一些州的隐私法规规定如果数据是加密的，即使发生了数据泄露，也不必进行数据泄露通告。”

“这比我想象的要容易。”布伦特说。

“遗憾的是，”彭打断道，“这就是所有的好消息。”

尼格尔把一张纸揉成一团扔向布伦特。“别再给我们下咒语了，哥们！”

“坏消息是，”彭开始说，“ERP 系统本身已经有大约 5 年没有打补丁了。这意味着它没有最新的软件更新、新的安全功能等。”

“这是有道理的，”罗斯说，“这家公司大约在 5 年前成立的。”

“所以自从我们开始运营以来，ERP 系统实际上从未打过补丁？”迪伦问道。

“这实际上是一种非常普遍的情况。”彭说，“通常这种情况的发生有多种原因。也许团队人手不足，必须优先满足项目截止日期。这可能是因为 ERP 团队没有组织上的支持来容忍任何停机时间。实际上，你们的情况比大多数其他 ERP 实施要好，有很多已经 10 年没有打过补丁了。”

“这并没有让我感觉好一些。”迪伦说。

“我们继续吧。彭，你能告诉我们事务是如何在 ERP 系统中进行的吗？”艾伦问道。

“当然。让我从宏观层面开始解释。ERP 系统并不是开箱即用的，需要选择许多不同的模块。大多数企业都会使用专门的开发人员自定义应用程序的各个部分，以适应其业务需求。开发人员在开发环境中编写代码，该环境通常是主生产系统的完整副本，以确保其代码能够正常工作。然后将代码迁移到测试环境中，如果经过审核后在测试环境中可以正常工作，那么就将其迁移到生产环境中。从流程角度来看，MarchFit 确实在职责分离方面做得很好，开发人员无法自行将代码迁移到生产环境中，他们必须依靠其他人来完成这项工作”。

“那挺好的。发现了什么问题吗？”艾伦问道。

“我们注意到的一个挑战是 MarchFit 在开发和测试中使用了真实数据。因此，开发人员可以访问真实的个人数据。有一些工具可用于屏蔽该数据或改用虚拟数据。我们强烈推荐这样做。”

“是吗？”布伦特问道。“似乎使用的数据很少。”

“你看过《超人 3》吗？”彭问道，没等回答。“你们的企业资源计划(ERP)系统使用的是一种大多数商业代码扫描工具不支持的专用代码语言。这意味着，即使你们有良好的职责分离流程，甚至如果你们正在使用漏洞扫描，也无法检测到理查德•普莱尔(Richard Pryor)注入的代码，比如从每个交易中窃取几分钱的代码。”

“理查德•普莱尔是我们的开发人员之一吗？”哈莫尼对罗斯耳语。罗斯默默地摇了摇头。

“即使你删除了默认命名约定，ERP 系统本身仍有大量具有超级用户权限的人，这是一个令人担忧的问题。当我们进一步查看代码时发现代码中存在硬编码的密码。我们还看到一位前开发人员在生产环境中创建了一份财务报告，该报告仍在发送到他的 Gmail 邮箱。尽管在部署期间进行了大量的用户验收测试，但这一切都是在没有监督的情况下在代码中完成的。因此，简而言之，ERP 系统的内部结构通常是安全团队的盲点。”

“我们还知道，虽然 MarchFit 有一个漏洞管理计划并会定期扫描，但他们不会在 ERP 系统内部进行扫描。”艾伦解释说。

“哦，理查德•普莱尔是个喜剧演员！”哈莫尼惊呼道，从她的计算机上抬起头来。她抬起头，意识到她已经大声说出来了。“对不起！”

“哦，不，他很棒，”彭说，“你绝对应该看看他的作品。”

“那么可能会出现什么样的问题呢？”迪伦问道。

"从漏洞的角度看，我们应该担心拥有超级用户访问权限的心怀不满的开发人员可能会创建一个假公司，然后创建一张假发票，并将付款直接发送到该账户。或者恶意行为者可以注入一些代码，将新的跑步机发货到世界各地的随机地址，而不是它们应该去的地方。"

"黑客真的可以做到这一切吗？"罗斯问道。

"我在报告中详细介绍了事务流程。"彭说，"对于每个事务，我们不仅会详细介绍业务用例，还会详细介绍每个事务如何被用来损害业务。我们称之为'滥用用例'。我们提供了每个滥用用例的优先级列表，但我们已经介绍过的那些是主要的，因为没有任何补偿控制措施可以防止甚至检测到这些滥用。"

"谢谢你，彭。非常有帮助。"艾伦说，"她已经给我们提供了一份她的报告副本，其中详细说明了零信任方法第二步的所有事务流程。随着我们进入第三步，构建零信任环境，我们将做一些不同的事情。"

"考虑到这是如此重要的系统，这听起来有点可怕。"迪伦说。

"大多数时候，我们不需要新工具来实施特定保护面的零信任策略。"艾伦说，"零信任不是指某个具体的工具。但在这种情况下，我们的工具包中缺少一个关键工具。想象一位指挥军队的将军，他们会有士兵、大炮、无线电，甚至可能还有坦克。他们可以利用手头的工具制定战略。但想象一下，这位将军没有任何战斗机，这将是他们能力上的一个相当大的缺口。无论他们的战略有多么出色，都很难弥补这个缺口。"

"所以我们需要一个新工具？"伊莎贝尔问道。

"在这种情况下，是的。"艾伦回答道。"我想到了一个专门的工具用来帮助解决 ERP 系统伊德斯的问题。这是彭在她的报告中指出的问题。"艾伦挥了挥手，将报告显示在视频墙上，并列出了以下要点：

- 大多数安全代码审查工具不支持专用编程语言。
- ERP 变更控制通常是一个手动过程，并不内置于 ERP 系统本身。
- 传统的漏洞管理工具不会扫描应用程序或代码更新。
- 合规管理机制，例如强制执行密码标准、配置或访问敏感数据，并不是 ERP 系统的原生功能。

- 大多数安全日志系统(SIEM)无法处理应用程序日志，这意味着监控环境的安全运营中心团队缺少关键数据。

“ERP 系统极其复杂。”艾伦解释道，“通常你会为这样的新服务做一个 RFP(Request for Proposal，需求建议书)，但 85%的财富 500 强都使用相同的 ERP 系统，并且已经有一个专门解决这些问题的商业解决方案。但对于我们大多数更复杂的保护面而言，情况并非如此。伊莎贝尔，你能启动一个新项目吗？”

“当然，”伊莎贝尔说，“我会召集 ERP 团队并与采购部门合作。”

“我们还需要对流程进行一些更改。”艾伦继续说道，“迪伦，我希望你和你在财务部门的新朋友一起商定每周的维护时间窗口，ERP 团队可以在这个窗口打补丁。”

“我会跟唐娜聊聊。”迪伦说。

“我在想为什么我们没有把身份作为我们的主要保护面？”布伦特问道。“显然有很多工作需要用伊德斯完成，但即使在我们完成所有这些工作之后，被攻击的账号仍然可能会导致很多问题，对吧？”

“我同意身份是一项关键服务。事实上，这将是我们要解决的下一个保护面。”艾伦回答道。“但出于一个主要原因，我们首先将伊德斯作为主要保护面中的第一个。这是零信任设计原则中的第一个原则。从伊德斯开始，我们专注于业务。我们正在强迫自己了解企业是如何赚钱的。”

“我想这是有道理的。”布伦特承认道。

“我想推迟身份这部分还有另一个原因，”艾伦说，“我们正在考虑围绕ERP 系统的所有具体滥用用例。这将我们带到了零信任方法的下一步：制定策略。我们需要开始制定基于身份的策略。所以在某种程度上，我们现在正在练习身份这部分，这样以后就会更容易。”

“我们去年为伊德斯配置了双因素认证，”布伦特提出。

“那连续重新认证怎么样？”罗斯问。

“啊——哦，”艾伦惊呼道，“有人一直在阅读 NIST 标准。”

“那有什么问题吗？”罗斯问道。其他人都抬头看着艾伦。

“并没有什么不好的，”艾伦笑道，“他们在捕捉零信任中我们使用的架构概念方面做得很好。”

“但？”迪伦问道。

“但是，”艾伦说，“NIST 800-207 侧重于架构，这很重要。但是，如果你要完善信息安全计划，以拥抱零信任策略，那么关于该做什么或从哪里开始并没有太多指导。这就是 4 个设计原则和 5 个设计方法步骤给你提供的帮助。这些设计原则和方法是由约翰•金德瓦格在实际成功执行数百家公司的零信任计划的 10 年中开发的。”

“这是有道理的。”迪伦说。

“抱歉，问个愚蠢的问题，NIST 是什么？”伊莎贝尔问道。

“NIST 是指美国国家标准技术研究院，”罗斯解释道，“这是一个为几乎所有行业制定标准的政府组织。他们有很多关于 IT 和安全的标准。”

“我对 NIST 零信任架构感到沮丧的原因是，”艾伦解释说，“因为它没有与业务保持一致。请记住，零信任是一种防止安全漏洞发生在你的组织中的策略，并且实现这一目标的方式有很多种。NIST 零信任架构列出了几种实现零信任的方法，但你可以在任何组织中使用任何或所有这些方法。许多建议如果实际实施，将使员工更难完成他们的工作，或导致消费者使用市场上的商业产品更为困难。但是当我们开始为伊德斯定义我们的零信任策略时，你应该了解 NIST 800-207 零信任基本原则。”艾伦挥了挥手，将这些原则显示在视频墙上。

- 所有数据源和计算服务都被视为资源。
- 无论网络位置如何，所有通信都是安全的。
- 对单个企业资源的访问权限是按会话授予的。
- 对资源的访问由动态策略决定——包括客户端身份、应用程序/服务和请求资产的可观察状态，并且可能包括其他行为和环境属性。
- 企业监控和衡量所有自有资产和相关资产的完整性和安全状况。
- 所有资源的认证和授权都是动态的，在允许访问之前严格执行。
- 企业尽可能多地收集有关资产、网络基础设施和通信的当前状态的信息，并使用这些信息改善其安全状况。

“这些原则中的每一个都适用于身份和访问管理(IAM)。”艾伦解释说，“员工登录的方式将需要经过审查。再次强调，这适用于员工的身份和访问管理，但不适用于消费者身份和访问管理。”

“难道没有安全人员经常提及的叫作 UEBA 的东西吗？是这个吗？”迪伦问道。他向伊莎贝尔解释说，“UEBA 是指用户和实体行为分析。”

“迪伦，在某种程度上你是对的。”艾伦回答道。“许多零信任架构，从 Gartner 到谷歌，都提出了这种策略引擎的想法。这个想法是你应该能够获取 UEBA 原本应该提供给你的那些信息，而不是仅仅将它们报告给你的安全团队。你将能够在你的 ERP 系统内自动处理这些数据，或者在任何其他保护面上。但实际操作起来非常困难。有一些公司在构建策略引擎，但它们并不适用于所有软件。在这一点上，我们将在 ERP 系统内做我们能做的。但是一旦我们接触到终端，我们将能够做更多的事情。记住，我们是从内部开始，向边界推进。”

“我听说有人在谈到零信任时提到入侵假设，”罗斯说，“但我们还没有谈论过这个。”

“在考虑零信任时，NIST 的创建者希望你做出一些隐含的假设。”艾伦挥了挥手，在展示 NIST 零信任网络的视图时说道。

- 整个企业专用网络不被视为隐式信任区域。
- 网络上的设备可能不是企业所有或可配置的。
- 没有资源是天生可信的。
- 并非所有企业资源都在企业拥有的基础设施上。
- 远程企业主体和资产不能完全信任他们的本地网络连接。
- 在企业和非企业基础设施之间移动的资产和工作流应该具有一致的安全策略和状态。

“这些都是非常具体的提醒，当涉及计算机或网络时，你应该采取零信任。零信任的一些定义还包括这样一种观念，即你应该始终假设已被入侵，并应用和在那种情况下一样多的信任，即零信任。你的技术栈总是在不断地演变，因此你的安全策略应该针对技术的演变进行规划，并提供同等级别的安全性，无论是在本地还是在云端，无论是容器化应用程序还是硬件设备。”

“有人存在零信任问题。”哈莫尼开玩笑说。

“我们现在都知道，零信任方法论的最后一步是监控和维护。”艾伦开始说道，“但正如我们在 ERP 系统的所有其他部分所看到的那样，它们不适用于我们现有的控制，而 ERP 也是如此。应用程序日志不会发送到我们的集中式日志系统。”他对伊莎贝尔解释说，“我们称之为安全信息和事件管理系统，即 SIEM。”她点头表示感谢，他继续说道，“因为这些告警不会发送到 SIEM，安全运营中心(SOC)永远不会收到有问题的告警。我们将依靠财务部门来发现可疑的付款，或者让客户开始抱怨他们的跑步机没有到货。”

“为什么 SIEM 无法接收 ERP 日志？”迪伦问道。

“这不重要，因为即使那些日志被发送到 SIEM，它们也无法读取那些日志。大多数商用 SIEM(例如我们使用的那个)无法理解来自 ERP 系统的日志。将这些日志导入 SIEM 将是一项巨大的工作，当下一次变更发生时，你将需要重新开始所有工作。”

“所以听起来我们需要另一种工具才能在一个中心位置监控所有这些活动？”伊莎贝尔问道。

“实际上，我想到的是将我们一直在讨论的许多控制捆绑到一个系统中。你可以从那个系统向你的 SIEM 发送告警，以便你的 SOC 可以实时响应威胁，并在进行变更时监控可疑活动。”

迪伦低头看着桌上震动的手机。他拿起它并解锁。“我刚收到努尔的短信，”他说，“黑客声称窃取了我们所有的用户凭证，并在暗网上出售这些凭证。这是他的推文。”迪伦将图像发送到视频墙上。

来自 3nc0r3 的推文公开发布了 MarchFit 的所有被盗数据，试图以此羞辱公司，因为他们拒绝支付赎金。

“这就是我们所有的客户。”罗斯说。

“努尔说安全顾问正在检查。他们正在检查转储，看看是否真的包含真实数据，或者是否为假数据。”迪伦说。

关键要点

本章主要围绕许多企业最为关键和宝贵的 ERP 和 CRM 系统进行论述。一些企业采用同一软件供应商的产品作为 ERP 和 CRM 系统解决方案，而其他企业的 ERP 和 CRM 系统则选择不同的供应商。ERP 系统所面临的独特挑战需要高度专业化的知识。许多较小的组织可能选择引入专家，以帮助理解 ERP 系统可能带来的通常复杂的环境。

根据一些报告，多达 85%的财富 500 强企业使用流行的 ERP 系统 SAP 来实现他们所需的业务洞察。虽然 SAP 和其他 ERP 系统可能是安全的，但它们不一定默认就是安全的。这些系统可能会带来一些独特的挑战：

- 大多数安全代码审查工具不支持专用编程语言。
- ERP 变更控制通常是一个手动过程，并不内置于 ERP 系统本身。
- 传统的漏洞管理工具不会扫描应用程序或代码更新。
- 合规管理机制，如强制执行密码标准、配置或访问敏感数据，并不是 ERP 系统的原生机制。
- 大多数安全日志系统(SIEM)无法理解应用程序日志，这意味着监控环境的安全运营中心团队缺少关键数据。

在 ERP 系统中，了解如何为用户分配与应用程序交互的权限也非常重要。下一章将重点介绍身份和零信任，因此了解一些零信任架构如何整合这两个重要概念也很重要。

已经有很多组织尝试创建零信任架构。Gartner、Forrester 甚至谷歌都对零信任提出了自己的看法。但 NIST 零信任架构是你最有可能在实践中看到的架构。将来，供应商合同可能会要求公司证明它们符合 NIST 800-207，因此从 NIST 的角度检查你的零信任实施是衡量成功的重要指南。

零信任有很多定义。NIST 定义如下(https://doi.org/10.6028/NIST.SP.800-207)：

零信任(Zero Trust，ZT)提供了一系列的概念和理念，在网络被视为受到威胁的情况下，在信息系统和服务中执行准确的、最小特权的逐请求访问决策，以最大限度地减少不确定性。换句话说，就是提供了一系列相关概念和技术手段，以在信息系统面临网络威胁的情况下实施准确和最小授权访问控制。零信任架构(ZTA)是企业的网络安全计划，它利用零信任概念并包含组件关系、工作流规划和访问策略。因此，零信任企业(ZTE)是指根据零信任架构计划构建的企业网络基础设施(物理和虚拟)以及运营策略。

该定义可以重写为以下等式：

ZT + ZTA = ZTE

该定义旨在将身份服务(ZTA)添加到以网络为中心的零信任视图中。该定义得出的结论是，拥有真正零信任企业(ZTE)的唯一方法是同时拥有身份和网络控制权。因为身份对于零信任非常重要，我们将在下一章中更深入地讨论它。然而，本书源自约翰•金德瓦格的原始设计方法，该方法源自保护面。

根据 NIST 800-207，零信任有以下 7 个基本原则：

- 所有数据源和计算服务都被视为资源。
- 无论网络位置如何，所有通信都是加密的。
- 对单个企业资源的访问权限是按会话授予的。
- 对资源的访问由动态策略决定——包括客户端身份、应用程序/服务和请求资产的可观察状态——并且可能包括其他行为和环境属性。
- 企业监控和衡量所有自有资产和相关资产的完整性和安全状况。
- 所有的资源认证和授权都是动态的，在允许访问之前严格执行。
- 企业尽可能多地收集有关资产、网络基础设施和通信的当前状态的信息，并使用这些信息改善其安全状况。

从网络的角度看，NIST 零信任架构文档还专门解决了每个零信任计划都需要解决的以下 6 个挑战：

- 整个企业专用网络不被视为隐式信任区域。
- 网络上的设备可能不是企业所有或不可配置的。

- 没有资源是天生可信的。
- 并非所有企业资源都在企业拥有的基础设施上。
- 远程企业主体和资产不能完全信任他们的本地网络连接。
- 在企业和非企业基础设施之间移动的资产和工作流应该具有一致的安全策略和状态。

第5章

身份基石

简报中心的会议室桌旁，一名身穿黑色西装打黑色领带的男子双手叉腰站在那里。零信任团队围坐在桌子旁，布伦特站在视频墙前，视频墙上显示着 MarchFit 数据中心的图片。

“鲍勃显然是个内鬼，但他不止于此；他是一个浪人，一个忍者。”布伦特指着一排机柜上面的天花板瓷砖说，“他一定是毕生都在练习忍术和黑客的黑暗艺术。他必须通过空气管道潜入数据中心，然后通过通风口下来，并将隐藏在他的武士刀中的 USB 驱动器插到服务器上。”

“鲍勃对于忍者来说是一个糟糕的名字。”哈莫尼评论道。

“没有人会想到一个叫鲍勃的忍者，”布伦特同意道，“这就是为什么它是一个忍者的完美名字。”

黑西装男子开口说道：“有意思，你想让它变得更有意思吗？”

“当然，聪明人。”布伦特说。

“来一杯咖啡怎么样？”西装男子回应。

布伦特看着简报中心大厅里的咖啡机，耸了耸肩。“好的。你的想法是什么？”

穿着黑色西装的男子站起来，走到视频墙前，展示了一张鲍勃的照片。“鲍勃 • 保尔森是 MarchFit 的最初员工之一。他的股票最终得以兑现，他前段时间自愿离开了公司，去了另一家初创公司。公司遭受入侵会让他损失很多，但这本身并不意味着他没有嫌疑。”布伦特面带得意的笑容，但那个穿着黑色西装的人继续说道。

“我们确定的是，不知何故，鲍勃的账户被用来访问跑步机的源代码仓库，这很奇怪，因为他几个月前离开了公司，本以为他的账户会被身份管理系统禁用。”

“嘿，布伦特，你不是身份管理团队的吗？”罗斯甜甜地问道。他双臂交叉，盯着她。

“事实证明，鲍勃不仅是MarchFit的开发人员，还是客户。我们可以确定的是，尽管他仍然可能是个高手，但他当时并不在数据中心，因为他在跑步机上跑步，距离这里大约1200英里。”

“为什么他的访问权限没有像往常一样被撤销？”迪伦问道。

“我们的理解是，MarchFit 的身份管理系统只有一个域，将客户和员工数据混合在同一个域。所以虽然终止访问的流程被触发了，但是因为他是一个活跃的客户而失败了。他保留了作为雇员时所拥有的所有相同权限。上个月，当他点击一封网络钓鱼电子邮件时，网络犯罪分子获得了访问权限。由于鲍勃当时正在锻炼，当他的手机收到双因素请求时，他认为这是合法的并批准了访问。布伦特，我要一杯加两勺糖的卡布奇诺。谢谢。”

“你怎么知道的？”布伦特问道。

“哦，难道你没有意识到吗？他是负责我们案件的联邦调查局特工。”迪伦笑着说，“这位是保罗•斯迈克特工。努尔请他向我们介绍当前调查的进展，因为她认为这可能会帮助我们集中精力努力解决问题。”

尼格尔拍了拍布伦特的背，然后走向另一个房间的咖啡机。

“其实时机非常完美，”艾伦说，“好吧，现在绝不是让账号遭到入侵的好时机，但身份是我们需要处理的下一个保护面。身份是零信任最重要的部分之一。零信任使用身份来帮助确保最小特权。但身份也是最重要的保护面之一，因此你需要像保护其他重要资产一样保护它。我实际上会争辩说，虽然ERP是你的皇冠，但皇冠上的明珠是人。谁还记得零信任设计的第一个原则？”

“了解业务。”罗斯回答道。

“身份如何影响业务？”艾伦问道。

“了解你的客户是谁可以让你创造更个性化的体验，更好地满足他们的需求。”罗斯说，“我们留住客户的时间比竞争对手长，我们的个性化体验意味着我们可以为受众提供更多他们想要的东西。”

“这还可以让你将安全性融入产品中。”艾伦补充道，“然而，在这种情况下，保护面不仅仅是一个身份域，而是两个。有句老话：黑客想要访问权限，而你的员工拥有访问权限。当你查看洛克希德•马丁(Lockheed Martin)的网络杀伤链时，身份是最大的单一目标。在侦察阶段，网络犯罪分子将详尽研究你的员工并发送大量网络钓鱼尝试以验证哪些员工处于活跃状态，并尝试阅读他们的电子邮件以更深入地了解组织的运作方式。在渗透阶段，他们将尝试对 IT 管理员或高管进行鱼叉式钓鱼，并尝试横向移动以发现他们盗取的凭证将获得哪些资产。在利用阶段，他们可能会尝试从你的网络中暴力破解域管理员账号，发出虚假账号请求，或者如果他们已经入侵了目录系统(AD)，则可能会创建自己的账号。”

“这是一项艰巨的任务，但总得有人去做。”布伦特说。

“为了限制攻击的影响范围，”艾伦接着说道，“我们需要做的第一件事是为客户和员工创建不同的身份域。这两个域不应该有任何重叠。”

“多年来我一直这么说，”布伦特手里拿着咖啡杯走回来说道，“我们总是被告知做出改变的代价太大了。”

“我们已经开始强制所有用户在黑客发布推文后更改密码，”伊莎贝尔说，“我们 60% 的用户已经做出了更改。这是否意味着我们必须让他们再次更改密码？”

“我们不会将你的客户移出已有的域并为他们创建一个新域，而是为员工创建一个新域。”艾伦说，“这样做有几个原因。消费者不愿意接受对其服务的任何更改，因此这种方式的风险较小。同时，我们希望加强对员工的安全保护。当然，我们还将确保删除所有前雇员的账号。”

“布伦特，我想我需要你的帮助来发起一个立项申请。”伊莎贝尔说。伊莎贝尔开始制定项目章程，布伦特就站在她身后。

“在他们处理立项申请的同时，我们来看看流程的下一步：映射事务流程。”艾伦说着，将另一张图表拖到视频墙上。“通常情况下，这个步骤可能需要花费一年的时间来梳理出数据在你的环境中的所有使用方式。幸运的是，由于去年完成的 GDPR 数据映射项目，已经完成了大部分的工作。”艾伦展示了一个包含数百行数据流的电子表格，显示了组织内的数据流向以及哪些角色具有对该数据的访问权限。

伊莎贝尔俯身对迪伦说："GDPR 是欧洲的新隐私法案"。

"这对我们有什么帮助吗？"哈莫尼问艾伦。

"身份的目标是确保我们环境中的每个人或非人类的唯一性，"布伦特从伊莎贝尔的计算机上抬起头来说，"确保我们在所有系统上采用最小特权的最好方法是从数据入手，确定哪些服务与数据相关联，然后决定谁需要访问它。对吧，艾伦？"

"这个观点出乎意料的准确，布伦特。"艾伦评论道。"既然我们将从员工账号开始，因此也应该解决新账户开通的流程。由于我们正在设置一个新的身份域，因此也有机会为员工提供更安全的身份验证方法。我们可以要求每个用户或角色使用精细化的身份验证方法。但是还需要要求用户注册多种验证方式。当用户无法使用一种身份验证方法时，他们可以选择使用另一种方法进行身份验证。我们总是需要密码、安全问题和电子邮件地址，但也可以选择他们智能手机上的应用程序，如谷歌或微软身份验证器、OATH 硬件令牌、短信、语音通话或应用程序密码。"

"理想情况下，"布伦特补充道，"我们不会使用短信或语音通话，因为我们知道电话可以被拦截或使用 SIM 卡劫持进行克隆。"

"什么是 SIM 卡劫持？"罗斯问道。

"SIM 卡劫持是指犯罪分子冒充你打电话给你的手机运营商，"布伦特解释道，"他们会说你换了一部新手机，然后开始将你所有的短信发送到他们的一次性手机上。大多数人在需要打电话时才会注意到有什么不对劲，因为他们的手机服务已经不再工作了。"

"对于消费者应用程序来说，短信可能还可以接受。但我们的想法是在失败发生之前考虑身份验证失败的所有场景。"艾伦说，"在我们谈论开通流程的同时，我们还应该计划好注销流程。"

"你是说当有人被解雇时？"哈莫尼问道。

"嗯，是的，虽然大多数员工是自愿离职的。但我们还需要确保当有人在公司内部进行岗位调整时不会保留不再需要的访问权限。"艾伦说，"如何让你的用户获得他们的账号信息并设置密码？如何设置密保问题？如何为用户注册多因素身份验证？”

布伦特沉思了一会儿，说：“最初，人力资源部门将处理新员工的文书工作。我们会将登录说明发送到他们的电子邮箱，然后将一次性密码发送到他们的手机。这并不是百分之百安全，但使用了单独的通信方式。之后，他们必须更改密码。同时，他们必须注册多因素身份认证。”

“这将是我们有机会消除信任的领域之一。”艾伦说，“我们怎么知道新员工的个人电子邮件账户没有被泄露？我们不知道。因此，当我们构建账号申请流程时，可以要求用户通过回答在招聘过程中提供的3个或4个问题来验证他们的身份。”

“这不是一个生产力问题吗？”罗斯问道，“我的意思是，随着疫情的暴发，我听说有些员工在等待分配许可期间可能会领到数周的薪水而无所事事。一些主管已经表示，他们与员工分享密码，只是为了能完成工作。”

“这将是零信任计划的最大目标之一。”艾伦说，“我们需要确保任何身份在正确的时间、正确的环境下具备正确的权限。我们需要至少每天(甚至可能每小时)从人力资源系统中自动获取权限分配。这将帮助我们近乎实时地对身份生命周期的变化做出反应，并有助于加强我们的安全态势。在现实生活中，人们使用其他人委托或代理访问。身份需要帮助解决这个问题。例如，总统在休假时需要将访问权限授予副总统。”

“这是否意味着我们已经开始设计环境了？”哈莫尼问道。

“你说得对！”艾伦说，“现在我们正在讨论如何创建身份，我们已经进入了零信任方法论的第三步。我们知道第三步是为你的零信任环境进行架构设计，但我想确保你们准备好自己完成这部分工作，因为当你面对一个新的保护面并不确定如何应用该方法论时，很容易感到困惑。你们在做零信任架构时遵循什么原则？”

“我们专注于消除信任。”迪伦说道。

“完全正确。”艾伦回答道。“当我们查看防火墙规则时，抛弃了基于IP地址的规则，因为攻击者很擅长找到这些规则并利用它们获得对服务器的完全访问权限。我们安装了下一代防病毒软件，因为不信任应用程序；并且不授予用户本地管理员权限，因为我们知道攻击者会以这种方式安装恶意软件。我们同样抛弃了使用白名单文件或应用程序，因为攻击者可以检测这些异常，并像特洛伊木马一样使用它们安装恶意软件。”

“信任是一种漏洞。”布伦特说。

“你又说对了。”艾伦继续说道，“当我们审视最关键的系统时，我们知道存在盲区。有时我们需要借助工具发现这些盲区，通常还需要依靠自己的业务伙伴，以获得一种态度上的视角，可以克服未来的盲区。”

“那这跟身份有什么关系？”哈莫尼问道。

“身份是一个高度技术化的领域，很容易迷失在细节中而忽视大局。在身份验证方面，我们存在内在的盲区。很容易将我的数字身份视为我自己的延伸。但这不像电影《特洛伊》中那样有人在计算机内部与其他人交流。《黑客帝国》中的人真的在矩阵中吗？当然不是，计算机网络中没有人。虽然我们可能会使用身份来唯一标识我们的用户，但这些身份不是我们的用户。因此，当我们为身份构建零信任保护面时，我们不应该信任身份。”

“所以它就像那个穿红裙子的女人。”布伦特说。

“我不明白。”罗斯承认道。

“那是尼奥在《黑客帝国》中的最后一课，”布伦特解释道，“那时他并没有真正参与黑客帝国。在某种程度上，这就像中间人攻击。”

“等等，如果我们不信任身份，我们如何进行身份验证？”哈莫尼问道。

“要实现零信任，我们必须从身份生命周期的初期阶段开始，在每个阶段审视并剔除任何默认信任或过度授权的因素。对于客户来说，这可能意味着添加一个“我不是机器人”的按钮，以确保它不是注册服务的机器人。对于员工或外包商，可能有不同的流程来启动开通流程。每当我们考虑开通流程时，”艾伦说，“我们必须同时考虑取消开通的流程。即使团队成员只是在 MarchFit 内部转岗，我们仍然需要确保他们的权限不会随着时间的推移越来越大。就像我们在鲍勃身上看到的那样，孤立账号存在很多安全风险。伊莎贝尔，当我们为新的员工身份域创建章程时，需要确保我们在相邻和适用的业务流程的帮助下自动开通和取消开通账户。自动化这个过程将允许我们通过减少手动访问更改的数量来减少错误或明显的欺诈行为。”

“在零信任的授权访问方面，我们需要什么样的精细程度？”布伦特问道。“通常我们根据用户角色授予权限，但也可以有更加定制化的权限。”

“请记住，零信任的目标是防止入侵。但是对于身份，我们必须采取平衡措施。的确，更多的定制可以提供更多的安全性，但它也使自动化变得更加困难，从而引入更多的错误可能性。我认为你现在提出这个问题是对的，因为随着公司的发展，越来越多的角色变得独立，所以此时可能需要进行角色清理。伊莎贝尔，请将这也添加到项目章程中。”

“我觉得身份识别项目将是零信任计划中最麻烦的部分。”迪伦说。

“在某些组织中，零信任计划可能需要两到三年的时间，”艾伦承认。“但你已经拥有了许多关键要素。例如，GDPR评估可能已经缩短了一年的时间。身份识别将消耗很多时间，但它也可以与我们将要处理的其他领域并行进行。因此，我们仍然能够在6个月的时间内实现计划的目标。”

“在考虑身份问题时，我们还需要考虑哪些其他事项？”罗斯问道。

“单点登录(SSO)？”迪伦问道。

“我们已经在几个主要的应用程序中使用了单点登录，”布伦特说，“但是，我们所支持的各个部门拥有超过200个不同的独立服务，其中一些服务甚至具有独立的登录方式，不属于我们的身份系统。多重身份验证已经与单点登录集成。作为员工向新的身份访问管理域转换的一部分，如果我们要求所有应用程序都使用单点登录，我们可以加快单点登录和多重身份验证的采用速度。”

“你还可以在单点登录页面上使用类似WAF的系统来帮助检测撞库攻击，网络犯罪分子在其他网站上窃取了用户名和密码，并试图在你的站点上使用它们。”斯迈克特工说，“遗憾的是，这种攻击很常见，因为用户会在他们使用的所有站点上使用相同的密码。”

“布伦特，你的身份认证系统中使用了联合身份吗？”艾伦问道。

“目前还没有，”布伦特说，“但我明白你的意思。如果我们将员工转移到一个新域，这将使我们能够让我们的客户选择从他们的电子邮件提供商或社交媒体网站引入他们自己的身份认证选项。我们不能让员工这样做，所以一直反对联合身份验证。”

“哈哈，就像克林贡人一样，”哈莫尼开玩笑道。然而，在没有人笑之后，她说，“哎呀，怎么回事，一屋子都是书呆子，居然没有星际迷。”她把连帽衫套在头上，继续打字。

伊莎贝尔压低了一下笔记本电脑的显示屏。“这就是身份项目的全部内容吗？”

“还有几件事需要讨论。”艾伦回答道。“布伦特，你在 PAM 方面做了什么？”

“Pam 是谁？”罗斯问道。

“我们还没有 PAM 系统。”布伦特承认。

“好吧，什么是 PAM？”罗斯问道。

布伦特向后靠在座位上。“特权访问管理用于管理 IT 管理员用来控制服务器和其他系统的超级用户账号。这些应该与他们用于电子邮件的日常账号分开(超级用户账号应与管理员用于日常业务的普通账号严格分隔开来)。管理员级别的账号是网络犯罪分子的主要目标之一，因此拥有一个系统来更密切地管理它们至关重要。PAM 系统可以比普通账号更频繁地更换管理员账号的密码，并且可以更严格地配置审计控制。我一直认为 PAM 很不错，但我们一直忙于产品发布和测试，无法在 PAM 方面投入更多精力。”

“我们今天做什么？”迪伦问道。

“哦，我们确实为所有 IT 员工提供了单独的电子邮件账号和管理员账号。他们使用他们的管理员账号执行任何管理任务，并且该账号没有与之关联的电子邮件。但也有供管理员临时登录的 PAM 工具，这可能是另一个要启动的项目。”

“那很好，”艾伦说，“他们可以用一个普通的员工账号做很多事情。但就像我们看到的‘网络忍者’鲍勃一样，他们几乎可以用管理员账号做任何事情。”

“我认为 MFA(多因素身份验证)应该可以解决所有这些问题。”哈莫尼说。

布伦特又坐了起来，“MFA 确保发出身份验证请求的用户是他们所说的人，因为用户必须输入在他们拥有的另一台设备上生成的额外令牌。MFA 策略中使用的第二因素更难欺骗，因为它们对时间敏感并且通常与攻击者不太可能接触到的硬件相关联。但这并非不可能。我猜有时候用户确实会点击确认第二因素请求，即使他们不应该点击。”

“如果 MFA 无法成功验证呢？”艾伦问道，“例如用户手机丢失或被盗，怎么办？或者如果他们购置了新设备，怎么办？”

“我们要求他们保存备份代码或联系 IT 部门。”布伦特说。

“等等，如果他们没有电话，他们怎么打电话给 IT 部门？”哈莫尼问道，“或者如果他们将备份代码保存在手机上，怎么办？”

“好吧，一旦他们拿到新手机，他们总是可以重置密码并重新注册。”布伦特说。

“但他们不能同时工作。”罗斯说。

“这是另一个从身份识别过程中消除信任的好机会。攻击者盗取账号的最常见方式之一是通过重置用户密码。通常，我们提出的挑战性问题很容易能猜到。实际上，我建议我们在用户更改密码之前要求进行 MFA 重新进行身份验证，以确保他们是提出请求的人。”

“我们为什么不在所有地方都要求使用 MFA，并强制每个人每小时重新进行身份验证，”尼格尔说，“这不就可以解决所有问题了吗？”

“遗憾的是，没有，”艾伦回答道。“斯迈克特工，你能说一下网络犯罪分子绕过 MFA 的方法吗？”

“当然，”斯迈克特工开始说道，“假设这个‘网络忍者’鲍勃需要入侵一个组织。由于鲍勃是忍者，我们可以假设他已经获得了用户名和密码。鲍勃有 3 种方法来对付 MFA。他可以禁用或弱化 MFA，他也可以直接绕过 MFA，或者他可以利用 MFA 已有的例外情况。”

“等等，我认为 MFA 应该是安全的呀？”哈莫尼问道。

“这肯定会增加难度，”斯迈克特工回答，又喝了一口卡布奇诺，“但就像布伦特说的那样，这家伙很可能是个忍者。例如，要禁用或弱化 MFA，他可能会选择修改 MarchFit 中的一些可信 IP 地址配置。或者，如果他想完全绕过 MFA，他可以像你已经提到的那样使用 SMS(短信)拦截。或者他可能会攻击用户通过 MFA 进行身份验证的设备。”

“你说他有方法可以绕过 MFA？”迪伦问道。

“确实如此。他可以利用经过授权的 MFA 异常来攻击。鲍勃会识别没有 MFA 要求的账号，比如服务账号，并直接攻击它们。或者更常见的情况是，鲍勃可以针对不支持 MFA 的历史遗留应用程序，例如使用 POP 或 IMAP 协议的电子邮件系统。你会惊讶于网络犯罪分子可以通过阅读你的电子邮件收集到如此多的信息。”

“对于被盗证书和会话重用的情况，怎么办？”迪伦问道。

“作为一种技术，”斯迈克特工开始说，“盗取证书早已为人所知。但最近它开始更受关注，因为它被用于 SolarWinds 攻击事件。基本上，攻击者只需要盗取用于签署证书的私钥。另一种变体是金票攻击(Golden Ticket)，攻击者使用伪造的密钥来控制 Active Directory 域中的任何资源。这就像威利•旺卡(Willy Wonka)的金票，一旦你持有金票进入糖果工厂，就可以去任何你想去的地方。”[1]

“我们将在进行监控和维护步骤时处理这部分内容。”艾伦打断道，“但这项技术很难检测，因为请求看起来是合法的。你也想了解一下会话重用吗？”

“这就像我之前说过的 MFA 绕过方案。网络犯罪分子会利用现有的经过身份验证的会话来破坏设备。大多数 MFA 配置在要求用户重新进行身份验证之前都有一个默认的 30 天期限，因为它们不想对用户工作效率带来负面影响。这为攻击者提供了一个窗口，他们可以在其中建立更持久的网络访问权限。”

“应该要求用户多久重新进行一次身份验证？”迪伦问道。

“我们没有很多关于这方面的官方数据，但对于要求更高安全性的领域，有些组织在用户每次登录时都需要重新验证，这可能每天要验证很多次。每天验证一次适用于许多组织，因为它是一种更可预测的用户体验。但对消费者来说，可能需要更少的验证频率。”

“哦，抱歉，伙计们，我现在需要去参加我们的身份治理会议。”布伦特说。

“时机正好。”艾伦说，“迪伦，你和伊莎贝尔应该和布伦特一起听一下他们对我们正在讨论的一些变化的意见。但真正的目标是让他们帮助我们定义零

1 译者注：“Golden Ticket Attack(黄金票据)”是一种特别危险的攻击。这个名称来自罗尔德 • 达尔(Roald Dahl)的书《查理和巧克力工厂》，书中描述有一种金票是威力无比的特别通行证，可以让其持有者进入威利•旺卡戒备森严的糖果工厂。同样，成功的黄金票据攻击使黑客能够访问组织的整个 Active Directory 域。虽然查理和其他持有金票的孩子是在严密的监督下被护送在糖果工厂周围，但成功的金票攻击使黑客几乎可以不受限制地访问 AD 域中的所有东西，包括所有计算机、文件、文件夹和域控制器(DC)。他们可以冒充任何人去做任何事情。

信任身份策略。”

当他们到达会议室时，布伦特有点气喘吁吁。走廊对面的墙全是玻璃，外墙开着窗对着院子。宽大的会议桌前坐了12个人。布伦特说：“告诉他们我马上就来，需要先去拿点东西。”然后消失在走廊的小隔间里。

伊莎贝尔替迪伦开门，然后迪伦走了进去。房间里异常的热。努尔在房间的另一边小声地和科菲说话。金•舍尔夫刚刚开始Zoom会议，几个人出现在桌子尽头的大屏幕上。她正在用一张纸给自己扇风。伊莎贝尔没有关门，而是把门撑开，然后走到走廊上的玻璃墙的另一边，把另一扇门也撑开了。

一个布伦特以前没见过的高个子男人走到房间角落里一个高大的无叶风扇前，打开了它。他伸出手确认空气在流动，然后将脸贴向风扇。“请不要告诉我有人也攻击了空调，”他说。

“别这么说。黑客可能在偷听，”迪伦开玩笑说，但当发现那个人并没有笑时，他就停了下来。“我是迪伦，”他说着伸出了手。

“嗨，迪伦。奥莉维亚跟我说了很多关于你的事，”男人说着，紧紧地握住了迪伦的手。“我是维克多•维加。人们都叫我维克。”

“哦，你认识奥莉维亚？”迪伦惊讶地说。

“某种意义上说她是我的老板。我负责管理销售团队，”维克说。

伊莎贝尔出现在维克身边，身后跟着一个瘦削的女人。“哦，太好了，你见过维克了。我介绍一下米娅(Mia)，她是我们的人力资源主管。”

“我是米娅•华莱士。很高兴认识你，迪伦，”她握着他的手说，“我没想到你今天会加入我们。”

迪伦刚要说话，这时布伦特走了进来，手里拿着一个大巧克力邦特(Bundt)蛋糕。看到蛋糕，房间里响起几声欢呼。迪伦转向伊莎贝尔，对布伦特新的一面感到困惑。伊莎贝尔耸耸肩。

“布伦特是个了不起的人！”维克说。

“我知道，我知道，”布伦特一边转向迪伦一边说，“我答应过，当我们最终完成用户访问审查工作流程时，我会烤一个蛋糕。”当努尔从他手中接过蛋糕时，他解释道。“我们下周就准备好开始了。”

“我真的很想从一个积极的角度开始会议。”努尔一边切了一块蛋糕一边说道，“对于今天远程工作的同事，很抱歉。我们会为你们保留一块蛋糕。对于还没有与他见面的同事，迪伦今天在这里向我们介绍了零信任计划的最新情况。”

“谢谢你，帕特尔博士，”迪伦说，后悔刚刚吃了一口蛋糕。味道很好，他咀嚼了几秒钟才继续说下去，“我们已经开始关注最高优先级的应用程序，身份是任何零信任策略中最重要的部分之一。我们正在与伊莎贝尔合作，正式启动一些与身份相关的项目，但我们需要这个小组的帮助来制定我们的策略。”

“身份治理小组的目标一直是确保我们的数据安全，同时保证无缝的用户体验和合规性。”努尔说道，“我们知道，拥有一个身份访问管理(IAM)利益相关者团队对于我们身份认证计划的成功至关重要。我们需要听听你们最关心的问题。”

“那是否可以降低我们的成本？”维克问道，“这个零信任计划投入挺大，再加上我们花费在应对黑客攻击上的费用，我担心所有这些成本会影响我们新产品的发布。”

“我不太担心成本，更关心的是对我们品牌的损害。”艾普莉尔说道，“如果要成功推出新产品，我们必须证明已经做出了真正的改变。”

“身份项目的很大一部分将是角色清理，”布伦特回答道。“我们希望确保公司中的每个用户都分配给他们一个独立于他们头衔的角色。这些角色将有权根据职位描述访问资源。我们知道，在早期的创业时期，很多人都获得了权限，标准化这些权限将有助于我们自动化新员工的入职流程。”

“听起来你需要人力资源部门的大力帮助。”米娅说。

“米娅，我们将和你的业务联系人合作。”布伦特说，“但我们的想法是，需要将所有账号与所有者、管理人员或赞助商联系起来。当我们检查所有这些账号时，我们将寻找孤立账号或密码已过期的账号，并且在删除它们之前需要找人了解情况。而且，他们还需要知道账号真正需要的具体权限。我可以想到很多情况，申请账号的人出于担心或缺乏知识而要求获得过多权限。这样做应该可以解决这个问题。”

科菲清了清嗓子，等待着房间里人们的注意。“咨询顾问的报告表明，尽管我们已经实施了多因素身份验证，但网络犯罪分子已经在我们的网络中潜伏了数月之久。我特别关注到在一段描述中提到，有些系统允许用户无限期地保持登录状态。”

“这是我们希望你提供帮助的策略项目之一。我们需要确保所有应用程序都使用 MFA，并在发布之前默认将其作为所有应用程序的一部分。但我们也希望要求用户每天重新进行身份验证，甚至在进行特别重要的事务处理时更频繁地进行身份验证，例如授权支付或将代码部署到生产环境中。”

“我其实非常喜欢那个想法，”艾普莉尔说，“有时当我们有由证券交易委员会设置的封锁(blackout)窗口时，需要确保不会意外透露内幕交易信息。我很希望在我的团队成员将某些文件发布到网站之前，有一个重新认证的窗口。这一点根本不会成为阻碍。”

“是布伦特做的吗？”哈莫尼问道，她一边吃着邦特蛋糕一边说，“哦，天啊，太好吃了。真没想到。”

“布伦特提到他们下周将启动用户访问审查流程。”迪伦说。

“太好了！”艾伦说，“这实际上将我们带到了身份保护面的最后一步：监控。用户访问审查是其中的重要组成部分。通常，用户的访问权限会定期审查，例如每月或每季度一次，以确保只有合适的人才能继续访问。”

“布伦特说他们每季度进行一次，并计划在身份团队解决问题时增加频率。”伊莎贝尔说，然后继续吃她自己的蛋糕。“我简直不敢相信这个蛋糕有多好吃。如果我要这个蛋糕的食谱，会不会很奇怪？”

“当任何员工晋升或调动导致访问权限发生更改时，也应触发访问审查。”艾伦说。“将 IAM 计划作为所有新应用程序上线和重大变更评估的重要组成部分，也意味着所有身份活动可以在一个中心存储库中进行监控，并更轻松地与其他安全事件相关联。”

“再提醒我一下，监控与零信任有什么关系？”布伦特回到房间问道，“这不是安全运营中心应该做的事情吗？”

“你的零信任策略在实践中如何发挥作用有两个主要方面。”艾伦解释道，“首先，它强制要求对你的环境进行可见性监测以防止不良事件的发生。但我们也不相信第一次就能做对所有事情，或者在没有我们知晓的情况下发生了任何变化。因此，我们的零信任方法还需要能够检测出问题。显然，所有身份组件都需要输入到你的 SIEM 或 UEBA 工具中。我们还应该启用基本和高级审计，以及监控目录中的对象和属性更改。”

“你提到 NIST 标准中策略引擎的时候，我们不是在讨论 UEBA 吗？”迪伦问道。

“UEBA 确实很有意思，”艾伦说，“但是当涉及身份时，我们真正需要的是共享身份标志的集成。这实际上是身份定义安全联盟(Identity Defined Security Alliance，IDSA)开发的一个框架，用于将零信任应用于身份验证生命周期的每个阶段。这个框架包括 7 个身份验证组件：身份、设备、网络、计算、应用、存储和数据。中心思想是，这 7 个组件构成了用户在环境中可能拥有的所有不同交互方式，每个不同的区域都应该能够向策略引擎发送或接收信号。但这 7 个领域是我们需要确保能够对其进行监控和维护的关键领域。”

艾伦展示了 IDSA 参考架构文档。“有时你需要让用户通过所有这些层访问数据。其他情况下，应用程序内部的进程将使用网络上的服务账号来访问数据。”

“似乎从现在开始，对于每一个新的保护面，我们都希望将身份构建到零信任流程中，以便我们查看完整的端到端身份验证过程？”迪伦问道。

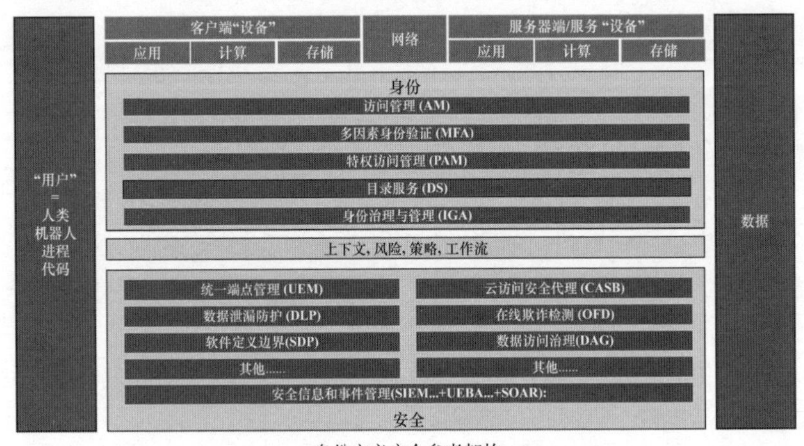

身份定义安全参考架构
——身份定义安全联盟(Courtesy Identity Defined Security Alliance)

“完全正确，”艾伦说，“确保你正在使用身份的所有元素。你应该至少在防火墙规则中使用身份。但是在与身份治理小组一起合作时，你还应确定对每个保护面进行重新身份验证的机会，以便对最终用户来说是无障碍的。”

“黑客 Encore 发了另一条推文。他的名字好像是故意让人感觉越来越烦恼，每次攻击都会让你更烦。”哈莫尼一边浏览着她的消息，一边说。

“你怎么知道？”布伦特问道。

“我已经开始在推特上关注他了，”哈莫尼说，“怎么了？”她看着他吃惊的表情说道，“我不该关注他吗？”

黑客 3nc0r3 在推文中声称他在 MarchFit 的代码中发现了 3 个零日漏洞(0-day)，打算卖给出价最高的买家。

“我也开始关注他了。”罗斯说。

“很好，很机智。我真希望我也想到了这一点。”迪伦承认道。

“哦不!”哈莫尼叹息道，“如果你深入研究这些线索，他说其中一个零日漏洞可以使网络犯罪分子访问摄像头，从而查看人们家中的情况。”

关键要点

虽然 ERP 系统可能是皇冠(业务核心)，但皇冠上的明珠(真正关键的)是与组织相关的人员。身份验证是确保网络中没有不明身份的人，不是像电影《黑客帝国》中的情景一样。虽然身份验证看起来很可靠，但是“零信任”策略的目标是尽可能减少信任，以防止和遏制违规行为。在实践中，可以通过许多方式实现这一点。但由于身份是使你的人员能够完成工作或使你的客户与你互动的关键，因此必须以尽可能无缝的方式进行。

与传统技术服务相比，身份需要对业务运作方式有更全面的了解。身份驱动业务发展，不仅提供身份验证服务来保护数据，还帮助企业与客户建立联系并提供更加个性化的服务。流程总是先于技术。在部署技术之前，了解为什么需要某个流程才更为重要。不过好消息是，很可能其中一些工作已经完成。许多组织已经完成了 GDPR、HIPAA 或 CCPA 评估，这些评估可以帮助快速启动零信任方法所需的数据流映射过程。

成功的身份计划最重要的标准之一是拥有一个定期沟通的身份治理小组。该小组应由企业管理层组成，包括来自人力资源、法务、风控、隐私保护和 IT 部门的代表。该小组应定义身份所有者，并确保身份计划目标与业务优先级保持一致。

任何云安全策略的基石都是身份。虽然我们将在后面的章节中重点介绍云，但遗留的技术环境多年来一直依赖防火墙或互联网出口的其他控制。当涉及云时，这些控制不再有效。许多员工现在可以远程工作，因此比以往任何时候都更重要的是消除约翰•金德瓦格在他的原始论文中描述的遗留网络的“耐嚼中心(chewy centers)”，他在论文中提出了一种零信任安全方法。

在云环境中获得正确的身份对于服务交付和保护运行业务的数据都至关重要。在云中，身份为你的大多数安全保证提供了基础。

正如斯迈克特工在故事中所阐释的那样，获得正确的身份也意味着能够在坏事发生后提供答案。身份定义安全联盟(IDSA)的框架包含使用身份的数字系统的 7 个组件。这些元素中的每一个与你的环境中的身份交互的方式决定了你可以用来构建零信任策略的身份定义的安全方法。IDSA 的 7 个组成部分是：

- 身份
- 设备
- 网络
- 计算
- 应用
- 存储
- 数据

对于所有保护面，应在零信任方法的数据流映射阶段详细说明如何使用身份的完整端到端验证过程。目标将有两个：首先，应该确保在每个保护面中创建零信任策略时使用所有身份元素并利用它们；其次，对于每个流程，在该身份的业务所有者的帮助下，应该确定对最终用户无障碍的重新认证机会。

第6章 零信任开发运营 (Zero Trust DevOps)

迪伦不得不躲到一个角落里，以避开搬运工将红色工具箱从奥莉维亚的旧办公室推出来的路。在下一组搬运工将红色沙发拖走之前，他向前挪动了一点。他们一离开，他就走进角落的大办公室，发现维克在办公室的窗户边踱步。房间里现在到处都是用塑料包裹的家具。迪伦正要说话，维克举起他的手开始说话。过了一会儿，迪伦才意识到维克戴着他的无线耳机，那时正在和别人说话。

最近几天一直是一片忙乱。在网络犯罪分子发布最后一条推文几天后，奥莉维亚召集了一次全体会议，并宣布她将辞去首席执行官的职务。她感谢大家的支持，并宣布维克多•维加将担任临时 CEO，同时公司将在全国范围内寻找合适的人选。她强调，最重要的是，她不想因为新产品发布有任何干扰，甚至她自己也不行。

维克对电话中的人说："告诉他们，我们需要将订单数量增加一倍才能达到预期。这将是我们做出一些革命性改变的机会，我们不会因为第一天没有足够的订单满足需求而搬起石头砸自己的脚。"

维克是担任该角色的自然人选。他从一开始就在公司工作，每个人都认为他会在奥莉维亚退休后接任首席执行官一职。现在新任首席执行官正在召集迪伦开会。

“让他们相信，塞西莉亚。我们不卖钢铁侠套装，但这是次优选择。”维克说，然后拍了拍手机挂断电话，走过去与迪伦握手。“终于静下来了。”他说着，把西装扔到了桌子上。

“是的，我们定期向奥莉维亚汇报零信任计划的状态。如果你愿意，我现在可以同步一下项目的最新进度。”迪伦提议道。

“这不是我叫你来的原因。抱歉，还没有地方可以坐。”维克说着走到窗边。迪伦紧随其后。树叶开始变色并飘落，景色非常壮观。

“安全让我们花了太多钱，迪伦。在我们需要集中精力的时候，这个黑客攻击事件让我们花费了数百万美元来应对。我们的投资者越来越紧张。我们计划在新产品推出后进行 IPO(首次上市公开募股)，为了实现这一目标，我们需要人们相信我们可以扭转局面。我要坦诚地对你说，一切都依赖于新产品。如果它不能打动人心，我们很有可能破产。我们需要腾出资金用来实现这一目标。”

“等等，这是否意味着要终止零信任计划？”迪伦问道。

“什么？不，我期待你的小项目取得成果。我已经看了你的报告，我相信你已准备好完成这项工作。到目前为止，你有一张空白支票，这种情况必须改变。我要从你过去两个月一直聘用的昂贵顾问开始。你的团队需要腾出简报中心，我们需要重新开始在那里主持会议。现在你也该开始努力保护我们的新产品，这应该是你现在的重点。”

“我们不仅要证明产品很棒，”迪伦说，“还要让我们下一代的客户相信我们足够可靠，继续甚至增加他们对我们的订阅。安全是产品的一部分。这是我们还未能理解的。我要纠正这一点。但我们必须用现有的东西来保证产品的安全。”

“你说得很对，迪伦，”维克说。

几分钟后，迪伦和艾伦一起走过一排隔间。

“好吧，但我不知道新产品是什么，”迪伦说。艾伦在与维克会面后遇见了他，他们正在返回简报中心。“大家一直神神秘秘地讨论这个新产品。如果我不应该知道的话，也不太好意思主动打听。我原以为总有人会在适当的时候告知我。但日子一长，问起来似乎太尴尬了。”

艾伦开始歇斯底里地大笑，靠在墙上喘着气。

“当然这是个秘密，但这不是苹果公司。零信任不是不信任人，而是不信任计算机。但是，MarchFit 确实具有良好的运营安全，这对你来说是一个好兆头。”

“好吧，那是什么？”迪伦在他们走回大楼前的大厅时问道。

“哦，不。没那么容易。你必须和首席技术官沟通一下。”

“我们有首席技术官？我怎么现在才知道？”迪伦惊呼道。

“他是 DevOps(开发运营)的一员。他们就像科技界的瑞奇·鲍比(Ricky Bobbies)。”艾伦说。

“那是什么意思？”

“瑞奇·鲍比只想快点走。”艾伦一边说一边笑了起来，“大多数安全团队为 CIO 工作并且专注于内部。CTO 通常关注组织外部的客户。但 MarchFit 应用程序和硬件也需要零信任。DevOps 实际上非常适合零信任，因为这个过程已经被很好地定义了。这个保护面对你来说应该很容易。你应该拉着尼格尔去见鲍里斯。”艾伦在他们走到前门时说道。迪伦意识到这可能是他们最后一次说话了。

“你知道？我以为你离开会更难过。”迪伦说。

“两个月的时间很长，可以加快零信任的进度。你身边有合适的团队。我想这可能是我向其他客户传播零信任福音的时候了。但是我告诉你，我离开后你可以给我打 3 次电话，不收费。”

几分钟后，迪伦和尼格尔坐在鲍里斯办公室外的等候室里。“你一定是在跟我开玩笑。”迪伦说。

“我们的客户都是在家工作的人。人们不再像以前那样经常出门，虚拟现实(VR)正在兴起。因此，在他们的办公桌旁放一台 360° 跑步机，仍然可以让他们边工作边行走，边跑步边看电视、看电影或玩游戏。孩子们可以像电影《头号玩家》中那样去虚拟学校。球赛期间，你可以和你最喜欢的篮球运动员一起跑步。”

“我以为你们被赶出简报中心会更难过。”迪伦抱歉地说。

“虽然这段时间过得很愉快，但我们知道它不会持续下去。”当首席技术官办公室的门打开时，尼格尔说道。

迪伦跟着尼格尔走进了黑暗的房间。房间里唯一的光线来自鲍里斯身后的一组计算机显示器，蓝色的光线来自占据房间另一边整面墙的鱼缸。鲍里斯身后有一根香在燃烧，房间里弥漫着肉桂和薰衣草的味道。迪伦不能确定，但看起来烟雾探测器是用铝箔包裹着。

“你知道标准普尔 500 指数 90%的价值由知识产权构成吗？”鲍里斯问道。“这就是我们在这里创造的。我相信我们所有的开发人员都能为公司创造价值。没有人能写出完美的代码，但我认为我们应该衡量自己是否能够迎接挑战。因为我们有一个 DevOps 在线商店，我们能够在 48 小时内修复黑客使用的零日漏洞。换作其他公司，可能需要从现在开始的 6 个月内一直努力打补丁。”

“那真是太不可思议了，你的团队真棒。”迪伦承认道。

“所以我最担心的是知识产权窃取。如果我们的代码泄露给竞争对手，怎么办？如果我们的代码被犯罪分子用来入侵我们的客户，怎么办？”

“我们希望为此采取一些措施。”迪伦说。

“我听说过这个。但你知道我怎么想的吗？零信任只是一种时尚，没有信任我们就无法运营。”鲍里斯说，“我们每天都依靠我们的员工来解决问题。我们的开发人员不会总是在老板能看着他们的地方工作。”

“零信任并不意味着我们不应该信任别人，”迪伦说，“实际上，我们来这里是为了更多地了解你和你的团队。请告诉我更多是什么让你的团队取得成功。”

“我们采用了 DevOps 模型来为我们的跑步机网络开发软件，”鲍里斯说，“我们每周都会推送数百次代码更新。”

“这太不可思议了。”迪伦承认道。

“我们不能做任何会减慢速度的事情。”鲍里斯说。

“明白了。”迪伦说，“我们来这里是为了帮助找到保护代码安全的方法，但第一步是了解流程以及信息如何在组织中流动。”

“也许可以从代码仓库开始？”尼格尔建议道。

“让我从高层次开始，然后逐步深入。”鲍里斯说，“DevOps 旨在消除开发人员和运维人员之间的障碍。如果你还没有读过《凤凰计划》(*The Phoenix Project*)，我建议你读一读。对某些人来说，这本书就像一种信仰。但秘诀在于，它依赖于拥有正确的工具来帮助团队快速可靠地部署和创新。正如尼格尔所说，这其中有一个从代码仓库开始的技术栈。”

“那是我们保存代码的地方？”迪伦问道。

“它不仅仅是存储代码，”鲍里斯说，“它处理版本控制并允许开发人员在项目上进行协作。”

“下一步是什么？”

“下一步是持续集成和持续交付。发送补丁时，代码仓库会调用CI/CD工具，该工具将应用程序构建到容器中。容器通过我们的编排工具推送。整个过程都托管在云端。”

“这真的很有帮助。你的开发人员如何登录所有这些应用程序？”迪伦问道。“我们已经能够使用更强大的身份保护来帮助确保端到端的过程安全。所有这些DevOps工具都在使用我们的身份系统吗？”

“从运维团队那里获得账号需要很长时间，”鲍里斯说，“所有的账号都是我们自己建立的。”

“这是否意味着开发人员必须使用的每个工具都有单独的登录入口？”迪伦问道。鲍里斯交叉双臂点点头。

“嘿，老板，”尼格尔开始说道，“如果我们的开发人员不必每天要登录50次他们的账号，那不是一个很好的流程改进吗？举个例子，为了进行一次代码更改，我可能需要分别登录所有这些系统，而它们都使用不同的密码。我使用密码管理器，但有些人仍然靠记忆输入密码。我敢打赌，我每天至少要花20分钟输入密码。”

“是的，”鲍里斯回答，“这将帮助我们更快地进行工作。由于我们混合了客户和员工数据，我从来没有信任过身份系统。我认为使用本地账号会更好。但现在我们分开了，我愿意尝试这个方法。”

“太好了，”迪伦说，“我们向努尔承诺的一件事是，我们将清除所有本地账号。”

“如果我们将所有工具集成到SSO(单点登录)中，它还可以帮助我们监控任何可疑行为，因为我们可以更好地关联用户活动。”尼格尔补充道。

“那好，但我不想让我们迷失在一些关于我们需要如何编写更安全的代码的哲学讨论中。”鲍里斯说，然后转身回到他的计算机前继续处理电子邮件。

“好的，我明白了。我认为零信任是关于摆脱对数字系统的信任。这意味着必须假设我们已经被攻击了。比如，攻击者已经在我们的系统中放置了一些恶意代码，该怎么办？理想情况下，零信任应该可以帮到我们。”

“当然，我们想编写更安全的代码，但我们也到了发布新款跑步机的最后期限。”鲍里斯说，他转身再次交叉双臂并直视他们。“这次有更多特定于硬件的代码，因为跑步机必须知道你行进的方向，还有速度。我们期待稍后的一项改进是跑步机的纹理(踏板的质地)能够改变，就像在沙滩上行走或穿过雪地一样。甚至能够模拟在冰上滑行。”

“还记得我们去年进行 OWASP 培训的事情吗？”尼格尔问。鲍里斯点点头。“我一直在思考零信任将如何真正改变这些。”

“OWASP 是什么？”迪伦问道。

“OWASP 是由马克 • 柯菲(Mark Curphey)和丹尼斯 • 格罗米斯(Dennis Groves)于 2001 年发起的开放 Web 应用程序安全项目。”尼格尔说，“当时，他们意识到网站中存在大量漏洞，因此他们创建了一个项目，可以向开发人员免费提供资源，以帮助他们保护代码安全。”

“这与零信任有什么关系？”迪伦问道。

“OWASP 会定期发布 Web 应用程序中最常被利用的漏洞。这些漏洞都有一个共同点，它们都利用了数字系统中信任的不同方面。”尼格尔说。

“你说得对。”鲍里斯说。

“以 SQL 注入为例，”尼格尔说，但看到迪伦开始显得有点迷茫，他就详细阐述道。“当攻击者能够向解释器发送命令时，就会发生 SQL 注入，因为开发人员没有使用适当的身份验证或输入验证。应用程序永远不应该直接信任来自用户的输入。应该使用预编译的语句进行参数化的查询。”

“继续，”鲍里斯说。

“有些应用程序存在身份验证或访问控制中断的问题，”尼格尔说，试图喘口气。“如果应用程序实现不当，它们可能会暴露密码、密钥或会话令牌。或者，它们可能暴露其他缺陷，使攻击者能够冒用用户的身份。或者，如果应用程序内部没有正确配置执行权限，攻击者可以利用这些漏洞来实现未经授权的功能。我见过一些程序员只是将某些东西隐藏在用户菜单中，而不是强制执行安全措施，有时只需要在网页上查看源代码就足以访问其他用户的账号、查看敏感文件、更改访问权限，甚至修改其他用户的数据。”

“信任是一种弱点。”迪伦说，这与艾伦第一次见面时的话如出一辙。

尼格尔现在语速很快，而迪伦和鲍里斯倾身凑近仔细听。“很多时候我看到简单的安全配置错误，或者根本没有配置安全而是使用默认配置，包括开放的 Amazon S3 存储桶或使用默认供应商密码。或者在代码本身中嵌入密码或其他敏感信息。或者在错误消息中暴露敏感信息。”

“好吧，好吧，”鲍里斯说，“当涉及最常见的漏洞时，我看到了零信任是如何有意义的。但我们也有最后期限，我们没有多余的人手在最后期限之前完成。”

“一旦代码进入我们的 CI 工具，我们还会对其进行自动化测试吗？”尼格尔问道。

“当然，我们必须进行自动化测试。这是 DevOps 的基石。”鲍里斯证实道。

“如果我们在 CI 工具中进行一些自动化的安全测试，会怎样？我们可以进行一些简单的 OWASP 扫描，确保不会造成任何延误。”

“我对此没有任何异议，”鲍里斯说，“也许我们也可以做一些身份验证测试。确保我们正在搜索硬编码的数据，例如 IP 地址。我们将在本月晚些时候发布本•理查兹(Ben Richards)时引入一些额外的增强功能。到那时我们应该能够完成它。”鲍里斯同意道。

“本•理查兹？这不是阿诺德•施瓦辛格在电影《奔跑者》中扮演的角色的名字吗？”迪伦问道。“我喜欢那部电影。”

“当然。我们所有的主要版本都以著名跑步者的名字命名。最后一个版本代号为乌塞恩•博尔特(Usain Bolt)。理查兹之后的下一个版本将被称为弗洛伦斯•格里菲斯-乔伊纳(Florence Griffith-Joyner)。”

“恕我直言，弗洛•乔？”迪伦说。

“我们刚刚成为最好的朋友了吗？”鲍里斯问道。

“现在你在引用电影《烂兄烂弟》中的话？现在到底发生了什么？”迪伦笑着说。

“尼格尔，你没告诉我零信任很酷。告诉我你还需要知道什么。”

“密钥呢？”

“我听说每年都有数百万个 API 密钥被泄露，因为开发人员将它们直接写入了他们的代码。网络犯罪分子现在扫描公共代码仓库并收集这些 API 密钥。因此，我们需要一种存储和管理这些密钥的方法，而不是通过电子邮件共享它们。”

“你似乎已经想到了什么。”鲍里斯咧嘴一笑。

“我们应该使用扫描工具来检测存储在我们代码库中的任何 API 密钥或其他硬编码数据，”尼格尔说，“我们可以使用密钥管理器来帮助管理我们的密钥。密钥管理器将为我们管理这些权限，而不是在我们的 docker ENV 文件中硬编码密钥，然后通过 Slack 或 Teams 共享它们。”

“迪伦，”鲍里斯开始说道，“我很惊讶你还没有询问我们的 Kubernetes 容器编排系统。”

“那 Kubernetes 呢？”迪伦问道。

“好问题。默认情况下，Kubernetes 根本不安全。所以我们已经做了很多工作来确保它的安全。就像我们以前在数据中心做的那样。我们使用网络隔离将集群与其他工作负载分开，并将工作负载与 Kubernetes 控制平面分开。这只有在数据和控制平面流量相互隔离时才有可能。数据和控制平面之间应该有防火墙。”

“我还听说 Kubernetes 默认不启用基于角色的访问控制。但是既然要与我们的身份服务集成，我们就可以做到这一点，对吗？”

“是的，这是一项艰巨的工作，”鲍里斯承认道。“但现在我对新产品的发布感觉好多了。不想再给我们增加更多工作，去年我们购买了一个用于运行时安全的工具，但我们还没有部署它。你们能帮上忙吗？”

“当然。我会和伊莎贝尔聊聊。她会想要一些关于这个项目的信息——你能告诉我更多关于它做什么的信息吗？”迪伦说。

“由于我们的应用程序在云中运行，”鲍里斯说，“我们发现实际上对应用程序的行为知之甚少。我担心容器镜像本身在我们获得它们之前就遭到破坏。”

“但我们还需要有一种方法来确定我们的运行时环境是否安全，这样我们的容器就不会在特权模式下运行，也不会访问黑客在入侵中可以利用的数据。因此，如果我们的 SOC 正在制定事件响应计划，他们需要对所有命令、访问了哪些文件以及在什么时间使用了哪些会话进行详细的审计跟踪。”

“太好了，既然我们已经拥有了这个工具，就不会增加额外的费用。我想维克会很欣赏这一点，”迪伦说。“我们将很快与 SOC 团队会面，我会将他们纳入这个项目。”

鲍里斯问道：“如果我们在几周内无法解决某个特定的漏洞，该怎么办？在此期间，我们能做些什么来保护我们的应用程序吗？”。

“在我的上一份工作中，”迪伦说，“我们刚刚部署了一个 Web 应用程序防火墙(WAF)来保护我们所有的网站。大多数 WAF 可以抵御最常见的 OWASP 攻击，甚至可以帮助检测和防止撞库攻击，即网络犯罪分子使用其他泄露的用户名和密码来入侵客户可能使用的其他服务。”

“我们以前研究过 WAF，”尼格尔说，“问题是它们一直只是一个代理。如果它们还没有集成到我们的负载均衡器中，它们会引入另一个单点故障。如果它们没有与我们现有的负载均衡器集成，那么你必须手动同步证书。而与我们的本地负载均衡器集成的那些将无法与我们的云应用程序一起使用。”

“没错，”迪伦说，“但我们实施的那个需要在每个终端点上使用代理。但实际上，WAF 只是一个‘创可贴’(应急措施)。我们应该将 Web 应用程序测试纳入渗透测试计划，以加强我们的常规测试。”

“迪伦，你今天真的让我脑洞大开。”鲍里斯说，“DevOps 的支柱之一是基础设施即代码的理念。我们可以编写关于期望环境如何工作的指令，然后系统管理员无须花费数周或数月的时间来配置虚拟机。如果我们也开始将安全策略视为代码，会怎么样？”

“老板，我觉得你说的有道理。”尼格尔说，“在我们的代码中定义安全策略将有助于我们在将功能部署到不同的测试和开发环境之前扩展代码，然后再部署到生产环境。安全策略代码将被签入我们的代码仓库中，以便进行版本控制。如果出现问题，我们可以轻松恢复。”

“你在考虑什么样的安全策略？”迪伦问道。

尼格尔现在坐在椅子边上，语速飞快。“我们可以在代码中定义角色和权限。在代码中强制执行最小特权和职责分离将有助于让我们的开发人员专注于编写代码，而不是向系统管理员解释特定的要求。而且可以更容易地对其进行审计，因为配置将被集中存储而不是分散在一堆不同的系统中。”

“这也可以帮助我们确保开发人员永远无法以 root 身份登录，”鲍里斯补充道，“我们过去在执行这一点时遇到过问题。开发人员还应该能够承担不同的测试角色。自动化这个过程真的可以提高效率。”

“我们正在寻找将重新认证无缝注入流程的机会，”迪伦说，“当有人需要做一些重要的事情时，比如发布新代码，我们是否也需要一个新的 MFA？”

“是的。我们可以在安全策略中强制执行很多事情，例如访问时间限制、IP 地址限制或要求使用 SSL 连接。”尼格尔说。

“我们需要确保的最后一件事是监控，”迪伦说，“通过与努尔的讨论，我们已经为从代码仓库到云基础设施的整个开发环境设置了日志记录管道。当我们过渡到使用身份时，这应该会让 SOC 更容易关联事件。”

“那我们还需要做什么？”鲍里斯问道。

“我们最后一次进行代码审计是什么时候？”迪伦问道。“理想情况下，我们应该像进行其他渗透测试一样定期进行静态和动态测试。”

“已经好几年了，”鲍里斯承认道。“但你是对的，这是我们应该尽快做的事情。我们没有这样的工具，你们的渗透测试提供商可以帮我们做吗？”

“我认为可以，我会和他们确认并告诉你，”迪伦说。

“上次我们进行代码审计时，并没有发现任何我们之前不知道的问题。老实说，我无法确定是工具本身的问题还是使用工具的人水平不够。”

“我认为我们应该采用一种多重保险的测试方法。我觉得在确保测试不掉链子的问题上可以有几个选择。你考虑过使用漏洞赏金计划吗？”迪伦问道。

“我们去年提出了这个建议，”鲍里斯说，“至少需要 3 个，也许 4 个开发人员来管理这个计划。在我们还没有开始发放赏金之前，起步资金至少需要 50 万美元，这是行不通的。因此这个建议被拒绝了。”

“托管的漏洞赏金公司呢？他们可以为我们管理，而且成本也没有那么高。”迪伦说。

“我们仍然需要有人管理公司并对出现的任何问题做出响应。”鲍里斯转向尼格尔说。

“我同意。让我们开始做吧！”尼格尔说。

“这将帮助我们制定业务用例。所以我们所有的开发人员都必须努力解决问题。我们甚至可以与艾普莉尔一起制作新闻稿。这可能有助于改变关于 MarchFit 如何回应的说法。我认为维克会支持这一点。以较低的成本实现真正的安全改变，远低于我们过去预期的费用。”

“如果渗透测试人员或漏洞赏金猎人提出问题，你希望我们如何与你的团队进行互动沟通？”迪伦问道。

“嗯，这必须集成到我们现有的流程。我不希望我们的开发人员必须登录 IT 工单系统才能查看漏洞跟踪报告。”鲍里斯说。

“老板，我将担任零信任团队的安全联络员，”尼格尔说，“我们只会使用与团队已经用于跟踪其他问题的 Jira 工单来与团队协作。”

这时，敲门声响起，哈莫尼把头探进了房间。“嘿，伙计们。不好意思，但我需要和迪伦聊一下，”她说，“里面怎么这么黑？我没有打扰到你们吧？”

“鲍里斯很酷，”迪伦说，“我们这里没有任何秘密，你可以直接告诉我们。”

“哦，好吧，”她说，然后打开门，让走廊的灯光照进来。“我们刚接到 SOC 打来的电话。他们发现了一些奇怪的异常情况。就像我们受到攻击之类的。我想在和他们沟通之前先和你聊一下。”

“又是 Encore 吗？”

“我们没有任何办法确定这一点。”她说。

“什么，这次没有发推文？”鲍里斯开玩笑说。

“他的推特上什么都没有。我希望这只是扫描，但他们发送的日志看起来比我们以前看到的要复杂得多。”她说。

关键要点

对于许多组织而言，应用程序安全是一个巨大的挑战。DevOps 已经为组织的软件提供了快速交付和持续改进的革新；因此，DevOps 也可以成为实现零信任的有效合作伙伴。将零信任融入流程本身中可以确保安全不会给应用程序开发过程增加额外的延迟。

在这种情况下，保护面是整个 DevOps 环境，事务流程都与开发和部署过程相关。通常，应用程序是使用服务账号或直接由开发人员部署的。当身份和访问管理没有与保护面集成时，每个开发人员可能会重复使用个人用户名或密码；密码可能不符合复杂性要求；并且可能不会强制执行多因素身份验证。单点登录可以成为减少用户登录次数、提高效率和安全性的一种方式。

在某些自定义应用程序中，开发人员希望将身份嵌入应用程序本身。出于多种原因，应该避免这种情况。密码不应该存储在你自己的数据库中。如果你的应用确实执行自己的身份验证，则它需要包含许多额外的自定义功能，例如密码重置或多因素身份验证，专用身份服务可以更好地提供这些功能。使用专用身份服务还可以确保你的应用程序的身份验证程序保持最新和安全，因为内部资源可能会被用来维护应用程序的其他部分。

将零信任集成到 DevOps 环境中的一个重要部分是与组织的现有文化相集成。在本章的示例中，尼格尔是开发部门内部的“嵌入式”安全团队成员，但他从事开发工作已有多年，并且热衷于将安全与开发人员结合在一起。安全团队将使用开发人员已经使用的 Jira 工单作为流程的一部分。安全测试可以集成到测试过程中，也可以定期进行。

传统上，OWASP 十大漏洞中许多最常见的漏洞都是直接利用对数字系统的信任而产生的。OWASP 基金会每年都会更新该清单，以包括目前在野外发现的最新攻击向量。

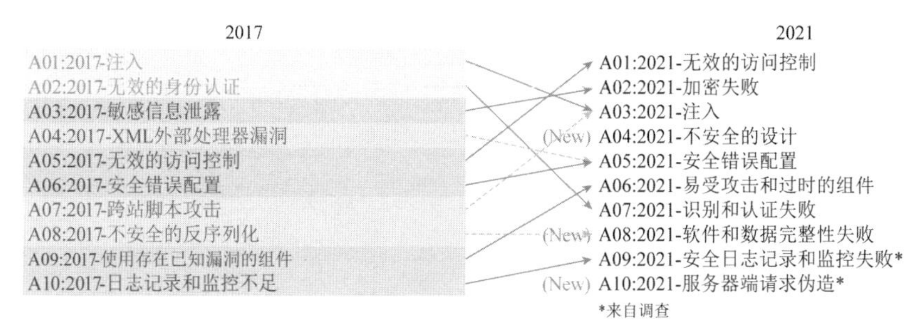

OWASP Top 10 漏洞

资料来源：OWASP Top Ten/OWASP Foundation，Inc.

尽管零信任没有明确解决编写更安全代码的技术，但消除围绕开发过程的信任关系可以大大提高安全性。即使只是删除直接存储在代码中的私密信息(如 IP 地址、API 密钥或密码)也可以大大有助于遏制任何入侵。通过与身份服务集成，开发人员的权限可以仅限于那些必要的权限，进一步限制任何入侵的影响半径。

DevOps 也非常注重使用云快速交付服务。Kubernetes 或 Docker 等编排工具可以帮助提高可扩展性，但它们也带来了传统安全团队或基础架构工程师没有意识到的新安全挑战。但是这些工具有很多加固指南，一旦你应用了适当的安全控制，这些控制也可以扩展。

我们不能期望所有代码在部署到生产环境时都是安全的。这是 Web 应用程序防火墙(WAF)可以提供帮助的地方。WAF 比传统防火墙更了解应用程序，也可以做更多的事情保护网站。现代 WAF 能够了解应用程序的工作方式，并有助于实施输入验证、检测 SQL 注入或跨站脚本(XSS)等恶意活动，并在该活动被利用之前进行阻止。但 WAF 只能当作“创可贴”(虚拟补丁)使用，因此当发现易受攻击的页面或应用程序时，应尽快修复底层漏洞。

DevOps 假定代码的任何问题都可以快速解决。在 2020 年疫情开始时，一名前美国国家安全局黑客公开宣布 Zoom 存在零日漏洞后，该公司做出了改变，能够在 24 小时内发布补丁，部分原因是 Zoom 使用了 DevOps 开发模型。DevOps 可以帮助快速提高安全性，但组织需要不断寻找安全缺陷。应定期对所有代码进行静态和动态代码分析。组织还应托管漏洞赏金计划，以帮助监控潜在问题，并为安全社区提供公开的问题报告路径。

有一种观念认为安全是昂贵的。虽然需要在安全方面进行一些基本投资，但通常可以使用团队已有的工具实现安全。对于 DevOps，必须使用开发人员已经在使用的工具。零信任可以帮助向高管证明组织正在寻求最有效的策略以保护组织。

第7章 零信任SOC

杰斐逊疲惫不堪地坐在他的工作站前，因为他连着上了两个夜班。他坐在两个几乎环绕着他的弧形显示器前。左侧屏幕显示实时日志流，经过杰斐逊整晚精心创建的长搜索字符串过滤，每次他对正在发生的事情有更多的了解时，就会缩小搜索范围。右边的屏幕上显示他的工单队列。随着越来越多的工单进来，他变得越来越分心。上白班的工作人员将在几分钟后开始工作并提供帮助，但他有点担心他的领导会忽略他的发现。

在他的显示器后面是一堵由12个80英寸屏幕组成的视频墙。它们展示了天气、新闻、客户网络的视图，颜色指示它们是否存在问题，还有最重要的一点，不断涌入的工单队列。

一个夜班小组的成员请病假了。杰斐逊并不需要接替这个班次，他也没有负责任何值班工作。但如果他离开的话，他就不得不放弃他发现的东西。其他人可能无法看到他发现的异常模式。这不仅仅是一个模式，他确信背后存在协调的行动。

唯一一个值班的人是纳迪尔(Nadir)。虽然纳迪尔戴着耳机，但杰斐逊仍能听到他那一侧房间传来的金属音乐。曾经有一次，杰斐逊错误地称这种音乐为魅力摇滚，结果不得不用了3小时听它们之间的差异的解释。当杰斐逊正要鼓起勇气向纳迪尔寻求帮助时，他的领导路易斯提前几分钟到达，他带来了足够两个班次的咖啡。他自己拿了一杯咖啡，把剩下的放在杰斐逊旁边的桌子上，意味着其他人来拿咖啡时都必须在这里和杰斐逊搭话。这是故意的吗?

“谢谢你昨晚的工作，埃尔·杰夫，”路易斯用他对杰斐逊的昵称说道。这个昵称开始在团队中流行起来。杰斐逊只在 SOC 工作了几个月，但不知何故，这个昵称比其他任何东西都更让他觉得自己在网络安全领域有前途。“昨晚情况怎么样？”路易斯问道。

杰斐逊眨了眨眼，赶走了睡意，拿起一杯咖啡，试图弄清楚如何解释他脑海中闪过的一切。咖啡尝起来像巧克力，还带有一丝他说不出来的坚果味。“在过去的 16 小时我一直在查看 MarchFit 的日志，”杰斐逊脱口而出，开始在屏幕上突出显示日志以展示他的发现。“我看到一台机器调用了一个远程地址。该地址不在任何威胁列表中，但它是在 DNS 中新注册的，所以我做了进一步挖掘。时间已经很晚了，所以我很确定实际上没有人在使用那台计算机。我没有看到任何其他设备连接到那个特定 IP 地址。但事实上，有一些低危的 PSExec 日志确实让我很困扰。”

“你认为这个问题有多大？”

杰斐逊不知道他是否应该大声说出他的想法。也许是因为他太累了。杰斐逊以前上过两班倒，他知道当他没有睡觉时他是多么容易感到疲惫。当白班分析师进来互相开玩笑时，他眨了眨眼。他凑近路易斯低声说：“我知道是 3nc0r3。我不知道我还能保持清醒多久，但我必须在我还能连贯地说话的时候向别人解释这件事。”

路易斯喝了一大口咖啡，把空杯子扔进了垃圾桶。“没问题，杰夫。我来看一下。你让其他人加快速度，等一下 Money(译者注：这里是指哈莫尼)，她会直接过来。”

“你在派那个 Money 过来？”杰斐逊惊呼道。“你只要说这个就行了。”

几分钟后，哈莫尼领着迪伦走下楼梯，进入 MarchFit 的地下室。底部是一个老式的货运电梯，门上有一个滑动栅栏。地下室周围有一排排铁丝网围栏，构成了不同部门的储藏区。灯光很暗，但迪伦注意到堆满了跑步机的箱子、装满退回商品的箱子，以及装满破旧计算机设备的箱子。他们在一排笼子尽头的地方右转，昏暗的光线从一个小窗户透进来。

“SOC 如何知道一个设备是否有多个 IP 地址？”迪伦问道，“他们认为这是两个不同的设备吗？或者他们有办法将这些设备解析为一个单一的实体吗？”

“他们不知道，”哈莫尼回答，“他们可以看到我们的DHCP日志，但我们必须在他们提醒我们之后在我们的资产系统中解析设备。”

“身份呢？他们有办法查看用户并找到他们与之交互过的所有设备吗？”迪伦问道。

“不是吧，又来。”哈莫尼拉动了一根链子，一排白炽灯泡开始闪烁，刺眼的白光照亮了地下室的其余部分。“我们内部有一些工具可以做到这一点，但SOC无法访问它们。”

“他们怎么知道我们的工具何时发现了潜在的恶意内容？”迪伦问道。

“这些工具会向SIEM发送告警，他们会在日志中看到这一点。”哈莫尼说。

“但是如果他们无法访问我们的内部安全工具，他们如何进行调查以了解发生了什么？”迪伦问道。

“他们不能。”哈莫尼说。

“所以他们只能在我们的日志系统中看到告警，他们唯一能做的就是告诉我们这件事，以便我们自己进行调查，是吗？”迪伦停下来看着一些堆放在托盘上、用塑料包裹着准备回收的旧服务器。他很高兴地注意到硬盘驱动器托架已全部拆除。那些硬盘必须在其他地方，希望硬盘上的内容已经被擦除。他必须问问这个事情。

“难道我们的工具没有可以连接的API吗？”哈莫尼建议道，“这可以让他们在不用直接访问这些系统的情况下访问数据。这能实现零信任的目标吗？”

“我听说有些地方也监控对API的访问。我们应该尽快调查一下，”迪伦说，“但你是对的，我猜总有一天所有的日志都会通过API发送。”

“这就是我们的现状，”哈莫尼穿过一扇生锈的门，走进另一间黑暗的房间。门上方一块破旧的海报板上写着一块牌子，上面写着“凡踏入此处者，放弃所有信任。”

“嗯，你又要带我去哪里？”迪伦进来时问道。唯一的光线来自房间周围的许多计算机显示器，这些显示器随意地挂在墙上，或者放在房间中央的临时桌子上，桌子是由从铰链上取下的旧门板组成的。“这让我想起了一部电影，我想是《捍卫机密》。”他说。

“这正是我想要的效果！”哈莫尼坐在一把看起来像是从赛车上回收的椅

子上说着。“坐在我旁边，这样我们都可以看到他们的屏幕。”她一边开始 Zoom 会议一边说道。迪伦坐在她旁边的椅子上，显然，那椅子也是从垃圾堆中找的。他环顾了一下房间，他们对面有一张海报，上面印着《X 档案》中的演员大卫•杜乔夫尼的画像，上面写着“不要相信任何人”。他强烈地感觉到他处在哈莫尼的个人男性私人空间。或者是女性私人空间？还是女性工作间？

“谢谢你们的等待，伙计们，”哈莫尼说，“我想我的新老板会想听听你的意见。怎么了，杰夫，你看起来很颓废。你整晚都没睡？”

杰斐逊和路易斯以及 SOC 的另外两名成员都在 Zoom 上。

几秒钟后，杰斐逊意识到他们在和他说话。“你们知道 PSExec 是什么？对吧？”不等回答，他继续说道，“这是一个实用程序，只要目标系统启用了文件和打印机共享，并且你拥有目标系统的凭据，它就可以让你远程运行命令。”

“是的，”哈莫尼说。

杰斐逊一边小口喝着咖啡，一边快速说道：“我刚刚完成了一门关于 PowerShell 的课程，但我们的平台已经有了针对它的检测措施。所以我开始在我们的客户中进行一些威胁狩猎，看看是否有类似于我们通常在 PowerShell 中查找的 PSExec 活动。结果发现其中一台机器在用户离开后仍然显示活动。脚本只是简单地转储硬件信息，所以没有引起严重级别的告警，但我知道 Money 会想知道这种事情，所以我继续观察它。”

迪伦抓起鼠标，将 Zoom 会议静音。“那个人刚才叫你 Money 吗？”

“是的，这很尴尬，”哈莫尼说，“但这也还好，所以我从没说什么。”

“他们知道你的真名吗？”迪伦问道，注意到她已经将 Zoom 的个人资料名字改成了#Money。

“可能知道吧？”她说，“别说话，这还挺有意思的，”她说着将麦克风重新开启。

“后来，我看到了同一台系统的一些 EDR 告警，提示有一些尝试运行加密货币挖矿安装程序的行为被阻止了。由于尝试被阻止了，因此这并没有上升到严重告警的级别。但是，随后出现了更多告警，直到我看到一款加密货币挖掘软件被成功安装，并且我们对此进行了升级处理。我认为攻击者在转储硬件信息，以查看哪种加密货币挖掘软件更适合在该系统上运行，然后再进行安装。”

“这些尝试来自哪里？”迪伦问道。

“该用户在家工作，请求来自本地网络上的另一台设备。”

“谢谢，杰夫。”哈莫尼说，“迪伦，你认为我们获得努尔批准禁用文件和打印机共享的机会有多大？”

“我会问的，”迪伦一边说，一边给努尔发即时消息，邀请她加入电话会议。“但我想知道我们的 SOC 是否是我们需要研究的另一个保护面。”

“老板，你可能发现了什么。”哈莫尼说。

迪伦注意到屏幕顶部的 Zoom 提醒显示努尔请求加入会议。在给努尔同步了进度之后，她问道：“我想我们已经移除了挖矿软件 cryptominer 了？”

路易斯点点头说：“是的。当我们第一次联系哈莫尼时，我们给你的 IT 服务台发送了一张工单，但得到的答复是工单已关闭。”

“感谢大家的辛勤工作。我很喜欢看到这样的主动性，”努尔说，“但我有点担心，当我们有那么多用户时，是否可以扩展我们的响应能力。下次我们如何更快地做出响应？”

“我想我可以帮助解决这个问题。”SOC 中的另一个人说道。

“之前没有介绍自己，是我不想在分析师给你们更新时打断他。我是克里斯•格雷，MSSP 的负责人。我一直听到关于你们的零信任实施的很多事情，想要了解更多。所以现在正好是一个交流的好时机。”

“你听到了什么？”迪伦问道。

克里斯说：“在过去一个月左右的时间里，我们看到 MarchFit 的告警数量开始大幅下降。这真的很有意思，因为与此同时，你发送给我们的日志数量也大幅上升。”

“那确实有点意思，”迪伦说，“我知道你们很难发现其中一些问题，因为你们并不完全了解业务的运作方式。我们需要你们成为更加专注于零信任服务的设计合作伙伴。”

“从我的角度来看，”克里斯说，“我们在 SOC 中没有检测方面的问题。我们存在响应方面的问题。整个模型的设计都是围绕提供尽可能多的检测和记录所有内容，但是要由其他人确定是否重要。例如，我们现在从你们那里获取了所有新的应用程序特定的日志，但我们并没有为所有新日志建立解析器。我们需要从你们那里更多地了解零信任。我喜欢围绕零信任构建 SOC 的想法。”

“我们很想听听你的想法。”努尔说。

“我们目前只有一个基本的合作伙伴关系，就是发送给 MarchFit 必须响应的工单，”克里斯开始说，“但要取得成功，我们还需要参与事件响应，我们可以帮助自动化响应。”

“等等，这会增加更多成本吗？”迪伦问道。

“我们仍在开发托管响应服务，但我认为如果我们能够做得好，实际上应该会降低服务成本，因为它需要更少的工作量。通过我们的剧本，已经为已知的恶意场景开发了自动化响应。通常，已知的恶意场景可以被阻止。我们需要响应的是未知的恶意活动。但困扰我们的是所有的噪声，即误报。如果我们可以消除 99%的误报，那么剩下的就会更容易调查和采取行动。但我们需要与你们在零信任计划上所做的保持一致，以确保我们能跟上节奏。”

“如果我们要与 SOC 建立零信任合作伙伴关系，”迪伦说，“让我们回到基础上来。哈莫尼，你能把设计原则调出来吗？”

哈莫尼共享了她的屏幕，展示了零信任的 4 个设计原则：

(1) 注重业务成果。

(2) 由内向外设计。

(3) 确定谁/什么需要访问。

(4) 检查和记录所有流量。

“零信任的第一部分是了解业务，”迪伦解释道，“我们如何盈利、业务的战略是什么，以及企业计划往何处发展。”

“那么这对于 MarchFit 意味着什么？”克里斯问道。

“我们有几条业务线，”迪伦说，“我们有零售店。我们也有内容创作者网络，人们喜欢与他们一起散步或跑步。然后我们还有即将在几个月内推出新产品的新产品开发部门。”

“我认为，通过围绕这些不同的业务线定制我们的运行手册，我们可以更好地与 MarchFit 的零信任实施保持一致。”克里斯提出，“我敢打赌，每个不同的业务线都依赖于不同的关键业务应用程序，我们可以调整监控以更贴近第一个设计原则。由内到外怎么样？”

“这定义了我们的方法，”迪伦说，“我们首先优先处理最关键的业务保护面，然后再逐步扩展。”

克里斯点点头，“这很有道理。你们没有把所有的控制都放在边界防火墙上，而是在核心区域做了一些工作，正如约翰•金德瓦格所说的那样。看起来我们应该能够将监控与这些保护面联系起来，以适应不同的业务线。”

“SOC 如何知道谁或什么需要访问权限？”哈莫尼问道。

“我们最近构建了自己的安全编排系统，以帮助自动化我们能够执行的运行手册操作。”克里斯说，“要想在这方面取得成功，我们需要能够与你的身份系统集成。我们使用编排平台来帮助建立行为规范。在一个地区或一个部门中被视为正常的行为，如果在不同的区域或部门发现，则可能会成为一个重要的告警。这是我们的秘籍。”

“记录所有内容的成本可能太高，无法将我们的 MSSP 包含在第四步中。”努尔说，“存储成本一直在下降，但不可否认，将所有日志发送到我们的 MSSP 存在一定的不利因素，因为收费是基于日志数量而不是服务的有效性。”

“如果我们没有提供价值，那么预期你们会去寻找另一个 MSSP。”克里斯承认道，“而且我还了解到，我们无法检测到导致你们感染勒索软件的大部分活动。我们需要做得更好，不仅为你们，还为我们所有的客户。我同意我们需要有所参与。但我们还需要一个反馈环路来帮助 MarchFit 改善控制措施。我们可以通过阻止不良行为来消除更多的误报，以便我们有更多的时间调查真正可疑的活动。”

“我们还遵循 5 个设计原则，”哈莫尼说道，然后跳到下一个幻灯片：

(1) 定义保护面。

(2) 绘制事务流程图。

(3) 构建零信任环境。

(4) 创建零信任策略。

(5) 监控和维护。

“我看到第五步是监控和维护每个保护面，”克里斯说，“我认为我们可以围绕你们定义的保护面调整我们的控制。这将帮助我们提供更好的监控，但也将使我们能够提供更好的反馈，以了解你们控制措施中缺失的部分。或者用零信任术语来说，我们可以帮助寻找机会消除对这些不同保护面的信任。”

努尔双臂交叉，将视线从屏幕上移开片刻。“SOC 如何跟上我们环境中正在发生的所有变化？”

“我们可以扩展的唯一方法是将 SOC 打造成安全的神经中枢。你们的日志将提供基线。我们还需要拥有对你们的资产和漏洞管理系统的 API 访问权限，以丰富这些数据，以便我们实时了解事务流程随时间发生的变化或设备何时修复或更新。就像 Shift Left(左移)理念让开发人员更早地参与到流程中一样，我们已经将左移方法应用于我们的 SOC。我们的目标是让像杰斐逊这样的人不再仅仅查看日志和告警，而是编写脚本和构建新的编排工作。”

“有什么方法可以让你参与到架构设计中吗？”迪伦问道。

“我们使用 MITRE 的 ATT & CK 框架来帮助我们的分析师了解特定情况下特定动作的含义，”克里斯说，“ATT & CK 框架有助于提供采取特定动作的背景信息，并有助于预测接下来可能采取的动作。实际上，威胁行为者的数量有限，其中许多人使用类似的策略、技术和实践，又称作 TTP。就像你们的一位工程师可能是某个特定微软产品的专家一样，攻击者也会熟悉一小部分技术，并会反复利用这些技能攻击同样的漏洞。”

“这有什么帮助？”哈莫尼问道。

“通过我们的编排系统，我们为这些常见攻击开发了运行手册。例如，我们有针对 PowerShell、域管理员或 VPN 攻击的编排。我们还定义了良好行为的标准。当我们发现不良行为时，我们应该能够提供有关额外控制、防火墙规则或配置更改的建议，阻止这些 TTP 的进一步行动。”

“我仍然不确定我们是否真正在执行零信任策略，”迪伦说，“零信任就是预防。我们正在讨论的是被动响应而不是主动预防。”

哈莫尼打断了他，“艾伦不是说过零信任是为了遏制攻击行为吗？”

迪伦点点头。“到目前为止，我们所做的一切都将入侵局限在特定的保护面上。”他说，“我同意我们需要不断改进，但我不知道我们是否真的符合零信任原则。”

“如果我没理解错的话，遏制不仅仅发生在保护面。我们在 SOC 中所做的是帮助减少攻击者在网络中的时间。我们知道，在某些情况下，停留时间可能长达数百天。如果我们能够在时间上限制攻击的持续时间，那么我们是否仍然符合零信任的正确方向？”

“这是有道理的。”迪伦承认道。

“我不想让人觉得在给你们提供建议时存在利益冲突，”克里斯说，“因此，你可以随意选择与谁合作购买额外的工具或服务。但作为你们的 SOC，我们希望帮助你们找到盲点。”

“盲点是什么意思？”努尔问道。

“有时我们会在看到服务器停止发送日志时发送告警，”杰斐逊说，“一个静默的日志源可能意味着服务器已经崩溃或受到威胁，而你们可能还不知道。”

克里斯点了点头。“另一个例子可以是基于网络的检测。虽然我们确实需要服务器日志，但那只能给我们提供部分信息。市面上有几种很好的网络检测和响应(NDR)工具，但你也可以使用开源工具 Zeek 提供网络日志。我们还知道，现在 98%的网络流量都已经加密，所以在某些情况下可能需要解密，或者可能需要找到一种通过分析标头提供洞察力的解决方案。如果你们可以通过主动威胁狩猎来丰富这些网络日志，那么不仅可以消除盲点，还可以提高你们的视野。我们的一些客户已经能够检测到他们的网络中是否存在一些最近的关键零日漏洞，或者可以肯定地确认他们没有受到漏洞的影响，因为他们有 NDR 平台。”

“我想我开始明白为什么监控和维护是流程中如此重要的一部分了，”哈莫尼说，“我希望我们从一开始就更加专注于这个阶段。”

“还有其他例子，”克里斯补充道，“杰斐逊关于盲点的观点也可以扩展到云日志记录，在云上你可能没有相同的可见性。使用云访问安全代理(Cloud Access Security Broker，CASB)可以让你们获得类似的可见性。例如，我们还提供渗透测试。无论你们让我们进行渗透测试，还是你们有其他供应商进行渗透测试，我认为我们都应该与我们的 SOC 分享测试结果，以帮助了解环境。对于你们的常规漏洞扫描也是如此。我们可以充实我们的资产并为你们提供更多定制的运行手册。”

“你提到你们有一个编排系统，”迪伦说，“它是如何工作的？”

“我们知道，即使是训练有素的分析师也需要几分钟来审查告警并决定如何响应。随着正在发生的攻击数量的增加，我们希望将响应时间减少到几秒钟。

我们知道攻击者已经将他们的攻击自动化，所以唯一能跟上攻击者节奏的方法就是让机器进行实时响应。”克里斯说。

“如果我们意外地使用自动规则禁用了一个重要的服务，会发生什么情况？”努尔问道。

“我完全理解你的担忧，”克里斯说，“我们的一些客户会让我们监控核心服务或提供对监控工具的访问权限。如果我们检测到服务已中断，我们还可以安排回退操作。但我们所处的时代不能在投入生产环境之前冒险测试补丁数月。随着时间的推移，我们对此进行了监控，补丁的破坏性比 10 年前要小。我们的许多客户告诉我们，先打补丁然后再测试的总体风险较小，这样你们就可以减少暴露风险。”

“所以你是说积极主动有风险，但被动响应风险更大？”迪伦问道。

克里斯咯咯地笑了起来。“有方法可以在不冒险的情况下积极主动。我们的客户使用蜜罐(honeypot)或蜜标(honeytoken)等欺骗技术来补充他们的控制措施。我不建议从互联网访问蜜罐设备。但是，如果你们确实在内部部署了这些，它们可以成为一个早期预警系统，用于检测攻击者何时通过了你们的防御系统。例如，我们知道作为 ATT&CK 框架中侦察步骤的一部分，威胁行为者将枚举所有公开的服务器证书，然后将这些服务器作为目标。为内部蜜罐服务器提供一个假证书可以帮助你们破坏攻击的初始访问阶段。美国国家安全局对此进行了测试，表明在部署欺骗工具后，攻击者在网络中停留的时间更短。”

“这带来了另一个问题，”哈莫尼说，“过去我一直在参加我们每月的 SOC 简报会，我认为我们可以在报告方面提高我们的水平。有没有一种方法可以衡量我们在遏制方面的有效性？我们不希望报告里说你们在 5 分钟内回复了工单或你们处理了多少个案例。这并没有告诉我们更安全或更有效。如果我们要有一个零信任 SOC，我们想报告减少了多少误报。我想知道你们已添加到运行手册中的许多新规则，以及其中有多少已应用到我们的环境中。与上个月相比如何？与去年同期相比如何？因为我们可能会有季节性的变化。看起来攻击是否正在通过 MITRE ATT&CK 框架推进，我们是否成功地破坏了命令和控制等后期阶段？”

“我在想我们应该每周而不是每月进行简报，”克里斯补充道，“但我同意我们应该提供更好的见解，以符合你们的零信任战略。”

“好吧，我认为我们意见一致。”努尔说，“我得去参加另一个会议，但我想让我们的零信任团队安排另一次会议，以确保你们了解我们目前的所有进展。”

迪伦走在环绕大楼的一条跑道上时，风刮得很厉害。他按下了艾伦号码的拨号键。在艾伦接听之前响铃了 4 次。

“这么快就打电话了？”艾伦问道，“一切还好吗？”

“很抱歉打扰你，但我想问一下我们的 SOC。我们正在使零信任流程与他们的监控保持一致。我想确保没有遗漏任何东西。”

“至关重要的是，他们可以向你们提供有关哪些控制有效以及你们可以如何改进的反馈。但你有没有问过自己，在 SOC 发现问题后会发生什么？”

“什么意思？”迪伦问道。

“SOC 是另一个保护面，”艾伦说，“你需要将零信任纳入事件响应流程本身。事件响应流程是你们与 SOC 交互的主要方式。”

“真的吗？”迪伦问道，“你认为我们可以在事件响应流程中做到零信任吗？”

“我绝对认为零信任适用于事件响应流程。托管安全服务提供商是一个重要的合作伙伴，但他们也是攻击者的一个重要目标，因为他们在数百或数千个客户网络的最敏感区域内部具有连接性。任何 IT 服务都是如此。2/3 的攻击行为来自你们的供应商。如果你们还没有开始考虑第三方供应商管理，则可以将其添加到待办事项中，特别是云服务提供商。”

“你是什么意思？”

“抱歉，我得走了。”艾伦打断了他，然后挂断了电话。

零信任团队正在哈莫尼的地下指挥中心等待迪伦。有人找到了一盏灯，所以这次房间比之前亮了一点。伊莎贝尔正在和罗斯说话，两人都在看伊莎贝尔的平板电脑。虽然现在有更多的椅子，但布伦特和尼格尔却并排站在角落里。杰斐逊和路易斯正在使用 Zoom，但他们的照片现在被投影到一个屏幕上，屏幕用拉链绑在下垂的天花板上，天花板上的瓷砖不再与天花板齐平。

“我们还没有讨论事件发生后会发生什么？”迪伦开始说道，“到目前为止，其他团队一直在参与事件响应流程，而我们一直专注于强化其他保护面。SOC 和事件响应流程是另一个保护面。”

“在我们的 SOC 中，”路易斯开始说，“我们已经围绕 NIST 网络安全框架调整了我们的控制，因为我们的大多数客户已经在使用它衡量他们的安全计划的成熟度。”

“对不起。等等，NIST 有多少标准？”布伦特问道，“我以为只有零信任的那个？”

“成千上万，”迪伦说，“他们为几乎所有事情制定标准。这有助于提高企业效率，从而提高竞争力，帮助支持经济。”

路易斯共享了他的屏幕并展示了一张 NIST 网络安全框架 5 个步骤的图片，如下所示。

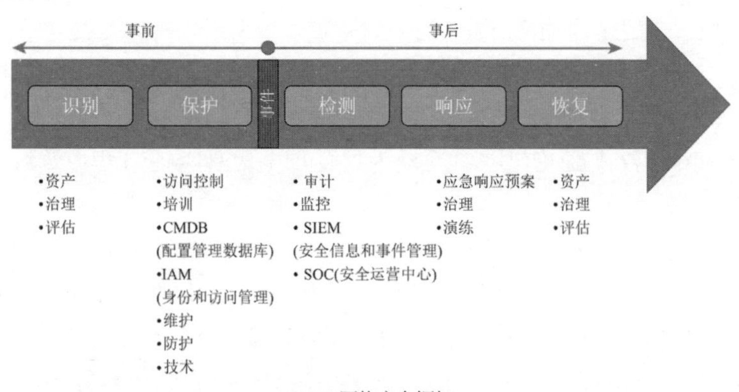

NIST 网络安全框架

资料来源：改编自 NIST 网络安全框架

“NIST 网络安全框架是一个包含 5 个步骤的过程，可以帮助组织确保他们已采取适当的控制措施来组织资源并保护自己免受网络犯罪分子的侵害。”路易斯解释说。“该框架围绕组织将被破坏的假设组织成一个时间线。流程中的前两个功能，识别和保护，都发生在事件发生之前。最后 3 个功能，检测、响应和恢复，都是在事件发生后。其他 NIST 安全控制出版物，如针对政府实体的特别出版物 800-53 或针对非政府实体的 800-171，甚至 ISO 27001 或 CSC 前 20

项控制都可以映射到五步框架。”

“既然零信任都是关于预防的，那么它不只适用于前两个步骤吗？”布伦特问道。

“零信任确实侧重于预防，”迪伦说，“我们用来帮助消除信任的模型是假设我们已经被攻击了。我们将日志发送到集中式日志系统的全部原因是，我们预计网络犯罪分子要做的第一件事就是尝试删除任何日志或他们活动的其他证据。零信任在事件发生后肯定会继续发挥作用。”

“我们的事件响应计划基于 NIST SP 800-61，”哈莫尼指着屏幕对布伦特说，“它更详细地介绍了网络安全框架的最后 3 个步骤。它比网络安全框架稍早，因此使用了一些略有不同的术语。但是 NIST 为所有事情制定了标准。他们已经存在 100 年了。”

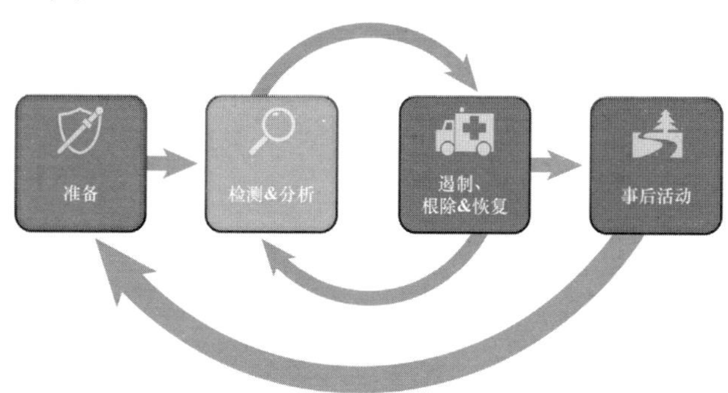

NIST SP 800-61 事件响应生命周期

资料来源：P Cichonski et al.，(2012)/NIST/Public domain

“如果一台计算机受到攻击，”迪伦开始说道，“我们肯定不会信任它。但我们还必须决定是将其关闭还是将其从网络中移除。我们是否监控受感染的计算机以查看它可能连接到哪些其他设备？”

“在事件响应过程中，我们正在讨论的是遏制、根除和恢复阶段。”路易斯回应道，“我们需要考虑几个因素，包括可能造成的潜在损害或是否可能发生数据窃取。我们需要保留任何证据吗？关闭系统会影响关键服务吗？我们是否有足够的时间和资源做出适当的回应？我们需要完全遏制吗？还是部分遏制就足够了？我们是否正在实施紧急解决方案？因为有时紧急情况下的变通办法会持续数年。”

“好吧，”迪伦说，“让我们首先回顾我们的事件响应计划。如果 SOC 是我们的保护面，那么计划就是我们的事务流程图。我们的 CMDB 和灾难恢复工具就是架构。CISRT 团队将是需要访问权限的人。我们将开始每周一次的 SOC 会议，以监控零信任计划控制与 SOC 监控组织方式的一致性。我们还缺什么？”

“我们应该在产品发布前进行演练，以确保我们所有的流程都正常工作。”伊莎贝尔说。

“你是说实战演练？”迪伦说。

“完全正确，”伊莎贝尔说，“作为演练的一部分，我们可以聘请一家公司对我们进行黑客攻击吗？一次真正的测试。”

“听起来确实很有意思，”迪伦说。

另一个人走到路易斯身后，递给他一张纸，是杰斐逊。

“杰夫！”哈莫尼惊呼道，“你看起来真的睡了一觉！你换到白班了吗？”

杰斐逊弯下腰加入谈话。“嘿，伙计们，是的，我现在是白班了！抱歉打断你们。我们的威胁情报团队刚刚发来了一条消息，称他们发现了一个开放的 Amazon S3 存储桶，其中包含你们的一些数据。你们能看一下吗？”

关键要点

告警疲劳是真实存在的。一家中型组织每天可能会产生数百万条日志，而一个大型组织可能会产生数十亿条。将正常活动生成的所有日志与恶意行为者生成的少量日志分开就像大海捞针。生成的许多告警都是误报，这会使执行检测工作的分析师产生麻木感。有一些减轻这种麻木感的方法，但最有效的方法是首先减少或消除导致告警疲劳的噪声。零信任可以帮助解决这个问题，但前提是 SOC 是你零信任之旅的一部分。

正如克里斯所指出的，SOC 在检测方面没有问题，他们在响应方面存在问题。你们如何分离出所有噪声和误报并最终获得可操作的信息，使你们能够实时响应威胁行为者？这需要非常成熟的剧本、训练有素的威胁狩猎团队和自动化能力。但它也需要通过监控攻击者、他们对数百或数千家组织使用的战术、技术和程序(TTP)的洞察和经验教训，而不仅仅是单个公司的洞察和经验教训。

出于这个原因，许多组织选择将其SOC外包给第三方托管安全服务提供商(MSSP)。MSSP可以在成熟的网络安全计划方面提供真正的价值，但仍有许多挑战需要克服。MSSP需要能够使用许多不同类型的软件来支持许多不同行业的客户。要成功担任此角色，MSSP需要能够了解你的业务运作方式、要保护的重点对象是什么以及允许用户访问哪些内容。当一个组织踏上零信任之旅时，MSSP不应只是参与者——他们应该是合作伙伴。

零信任的最终设计原则是检查和记录所有流量。零信任设计方法的最后一步是监控和维护每个保护面。这两个动作都隐含了这样的概念，即有人正在分析从环境中收集的信息并从中学习。从SOC到组织应该有一个反馈循环，说明针对哪些潜在漏洞以及可以进行哪些更改以更好地保护你的保护面。根据他们对威胁行为者如何针对其他类似组织的了解，他们应该能够帮助你确定自己的盲点在哪里，以及工具或配置中可能存在的任何潜在缺陷。

换句话说，要想取得成功，MSSP需要参与其中。MSSP需要能够帮助组织主动更新其防御措施。MSSP的目标是帮助组织减少攻击者的驻留时间，这是遏制攻击者的另一种方式。

为了提供一种对遏制措施的度量，SOC应该使用一个框架来展示组织是如何干扰攻击者的行动的。MITRE ATT & CK框架是攻击者战术、技术和过程的领先知识库。该框架可以为组织提供所需的背景，以了解攻击者正在做什么以及他们下一步可能做什么。这种背景对于帮助遏制和减少攻击者的驻留时间至关重要。

SOC与一个组织进行交互的主要方式是通过其事件响应(IR)流程。许多MSSP提供各种服务，IR响应可以仅仅是当SOC观察到一些可疑行为时向组织发送电子邮件，也可以完全管理被感染设备的隔离和修复。SOC能够参与支持的客户越多，零信任原则所需的分析就越好。为了加强客户的零信任之旅，SOC应该将其监控与客户的零信任保护面保持一致，以更好地将分析应用于改进控制。

NIST 网络安全框架定义了组织需要完成的 5 个核心功能，以构建完整的网络安全计划：识别、保护、检测、响应和恢复。这些功能与数据泄露的时间线相对应，因此在保护阶段之后，你需要计划在发生恶意活动后应该怎么做。你应该能够检测到不良事件发生的情况，然后进行响应，并将业务恢复到事件发生之前的状态。安全运营中心将帮助你执行这 3 个最终功能。

美国几乎所有的网络安全计划都需要与 NIST 网络安全框架保持一致。NIST 计算机安全事件处理指南(特别出版物 800-61)是关于如何编写事件响应计划的具体标准。应针对现实场景定期测试和更新事件响应计划，以确保它们满足业务需求。

第8章 零信任和云

罗斯的脸颊被压在垫子上。她的对手马克坐在她的背上，手肘抵在她的头上，将她压在身下。她所有的感官都在尖叫着要认输。然而，她却侧身翻滚，同时将双腿拉向胸前，蜷缩成胎儿姿势，以此打破了对手的控制。同时，她用手肘猛击马克的肋骨。接着，她抓住马克的手腕，扭转身体，直到她的双腿缠住了他的胳膊。她跟着用几个兔子拳击打在她用肘部找到的同一根肋骨上，马克呻吟起来。直到她意识到他正在用另一只手拍打垫子，她才不情愿地松开了他。

她站起来，重新系上她被控制住时松开的道服腰带。她和马克碰了碰拳头。健身房里的女性不多，而且通常男性都不想和她搏斗，因为害怕伤到她，或者更糟的是，被她打败。也许下次她不得不让他赢，以免没有陪练。她走回去拿水并查看手机时想着这个问题。她看到自己有几个未接来电和短信，但并不认识这些号码。她得把头发从脸上拨开才能让面部识别正常工作。

看到最后一条信息时，她手一松，手机掉了下来。“我是 3nc0r3。我知道你是谁，我愿意支付 500 万美元购买 MarchFit 有关零信任的信息。”

回到办公室，迪伦第三次查看了手机上的会议邀请，上面写着“217 会议室”。他仔细检查了房间号，但门是关着的，他不想打断可能正在进行的其他会议。他能听到房间里有人在说话，所以他犹豫了一会儿才进去。

迪伦透过会议室的玻璃墙看不见任何东西，上面贴满了成百上千的便利贴。他听到了伊莎贝尔的声音，决定进去了。走进房间时，他意识到不只是一面墙，所有的墙上都贴满了便利贴。便利贴的颜色从一种变成另一种，环绕着整个房间。伊莎贝尔正在房间的尽头用记号笔写一张便条。房间里还有另外两个人。迪伦进来时，这两个人都抬起了头。

“这是恶作剧还是什么？”迪伦咯咯地笑了起来。他发现会议室的桌子上也铺满了便利贴。

“哦，太好了——你来了，”伊莎贝尔看着手表说，“你已经认识科菲了，这是戴夫。”她指着另外两名与会者说。他们站起来与迪伦握手。

“我一直在考虑云，”伊莎贝尔说。

“这个完全开放的 S3 存储桶也一直困扰着我，”迪伦承认，“我们已经确认其中没有任何敏感信息，但我不确定如何在每个新问题出现之前跟上节奏，以免它们反咬我们一口。似乎我们在云服务方面犯了几个常见的错误。对我来说，云太大了，我无法掌握它的保护范围。”

“我一直在想这个问题，”伊莎贝尔说，“我认为云不是一个保护面。”

“你的意思是？”迪伦问道。

“有很多不同的保护面。正如你所说，它们都有我们需要解决的类似问题。我接手了过去几年我们做的所有不同项目。在项目开始时，我们会有很多机会审查安全最佳实践。你想让我从哪里开始？”

“哈莫尼给你提供了云应用程序的清单吗？”迪伦问道。

“是的。她从我们的防火墙生成了一份报告，显示所有流量都流向了最常见的云应用程序，”伊莎贝尔证实，“包括一些我们预期的应用程序，如 Office365。但也有大量流量流向未经批准的云应用程序。”

“比如？”迪伦问道。

“我们正式支持 OneDrive 作为我们的在线文件存储，但是仍会看到流量流向 Dropbox。目前很难判断它们是出于特定的业务原因还是个人用途。”伊莎贝尔说。

“我们不应该只阻止那些我们不知道的东西吗？”科菲问道。

“我们始终要小心谨慎。我知道我们的内容创作者会拍摄自己在公园或海滩散步的视频，然后将视频上传到 Vimeo，让制作人员在正式发布前进行审批。但我碰巧知道某个我们最著名的创作者喜欢将作品上传到 YouTube 或 Twitch，他们在那里有其他粉丝。所以我们不希望在不了解业务之前破坏业务流程，这是零信任的首要原则。但是还有其他应用程序在使用，如免费的在线 PDF 转换器，这让我开始思考影子 IT 的问题。我开始考虑是否有其他方式追踪一些其他应用程序。”

“这就是戴夫来这里的原因，”伊莎贝尔说，“他是我们的采购主管。”

“我回顾了我们去年的采购情况，发现所有带星号的便利贴都是我们用购物卡支付的，”戴夫说。墙上有很多星号。“我们知道其中可能有一些是免费版本或试用版本。”

“我们也看不到所有在家办公的员工都在使用什么，”迪伦说，“这对我们来说可能是一个盲点。”

“这让我很困扰，”科菲说，“所有这些服务都有人们点击接受的条款和条件。这份清单在我们审查合同时将非常有帮助，可以确保我们不会让自己面临风险。”

“好吧，让我们从现有的应用程序开始。看起来你们已经开了一个很好的头。让我们专注于可能包含敏感信息的应用程序。”迪伦说。

“我们确实应该将它们作为独立的防护面重点关注。但实际上，我在思考我们应该关注的防护面是否实际上是我们的项目管理流程。”伊莎贝尔说。

“为什么这么说呢？”迪伦问。

“每次引入新供应商时，都需要做很多事情。云只是我们将服务外包给另一家公司的另一种说法。但是，如果在增加供应商之前没有确保供应商安全的流程，那么我们注定会失败。”伊莎贝尔说。

迪伦环顾四周贴满便利贴的墙面。他意识到便利贴的不同颜色实际上代表了不同类别的供应商。黄色大致对应亚马逊上运行的服务。蓝色是 Microsoft Azure。粉红色是各种 SaaS 服务。“因此，如果保护面是项目管理，那么绘制事务流程图实际上就是了解合同流程？”他大声问道。

“完全正确，”伊莎贝尔说，“我们做了很多工作，让不同的部门更早地与我们合作，这样我们就不会在收到新请求时感到惊讶。这帮助我们减少了影子 IT 的数量。但我们需要法律方面的帮助，这就是我邀请科菲加入我们的原因。”

“我们遵循 3 种不同的合同流程，”科菲开始说道，“大多数合同都会经过采购订单流程。我们在每个订单中包含一些标准术语，包括一些基本的安全语句。其他一些组织会希望我们使用他们的合同模板，我们将在每个合同中协商我们的标准条款和条件。这可能需要一些时间，具体取决于谈判的复杂程度及供应商收取的费用。”

“你说有 3 种选择？”迪伦问道。

“在某些情况下，供应商会同意使用我们的标准合同。这是最简单的。”科菲说。

“我们的标准合同都有什么条款？”迪伦问道。

科菲说：“我们要求每个供应商承诺购买保险、加密敏感数据、支付数据泄露的费用，并确保他们已经建立了安全监控系统并进行了年度审计。如果发生某些事情，我们会要求他们支付违约通知的费用。如果发生数据泄露，我们会表明这是违反合同的行为，并在需要的情况下解除协议。”

“听起来不错，”迪伦承认道，“我们是只凭供应商的承诺吗？还是要验证他们是否已经建立了安全控制措施？”

“在我的上一家公司，有 15 位员工负责对最重要的供应商进行审计，”科菲说，“但我知道这对我们来说不太可行。我听说有几家安全供应商会跟踪公司的网络安全评级，类似于信用评级机构跟踪你的信用评分的方式。我一直在想，我们应该使用其中一种服务来监控我们的供应商，而不是让我们自己的内部团队进行审计。我们还可以用行业安全问卷作为辅助手段，如共享评估标准信息收集(Shared Assessments Standard Information Gathering)问卷，并将他们的答案与其供应商积分卡进行比较。”

“这是一个很好的开始，科菲，”迪伦说，“我知道云安全联盟也有他们的安全信任保证(Security Trust Assurance)和信任注册表(Trust Registry)。我们也可以在其中搜索查看每个供应商的共识评估倡议问卷(Consensus Assessments Initiative Questionnaire，CAIQ)。这可以帮助我们查看列表中的供应商是否有什么问题。但我也担心，外包给云服务商时，我们会失去多少可见性。我们的 SOC 收集的大部分数据来自服务器或网络流量。我们的大多数应用程序都是基于 SaaS 的，这意味着我们没有从其他供应商那里获得太多数据。”

“CASB 呢？”戴夫问。所有人都转过头看着他。

“什么是 CASB？”伊莎贝尔问道。

“CASB 是指云访问安全代理，”戴夫说，“我在上一家公司为 CASB 项目做了一个 RFP。对于我们的一些应用程序，它充当基于云的代理。由于我们所有的流量都经过它，因此可以从中收集日志。我们为一些关键应用程序进行了定制，以便能够进行更具体的活动监控。”

“那只针对一些应用程序？”迪伦问道。

“CASB 还为 SharePoint 或 OneDrive 等更流行的应用程序开发了 API，”戴夫说，“由于不需要配置代理，因此很容易使用。而且它们已经内置了更多用于活动监控的详细信息。这也是检测云存储中敏感信息的绝佳方式。”

“等等，”伊莎贝尔回到她的平板电脑前，“CASB 听起来有点耳熟。去年我们有一个关于这方面的项目需求。该项目的范围仅限于一个文件共享应用程序。但在公司改用另一种工具后，该项目被放弃了。但我敢打赌我们仍然获得了使用许可。”

“你能请努尔帮助确定清单的优先顺序吗？”迪伦问道，“我们首先关注风险最高的 SaaS 服务。我认为在线文件存储应该是首要任务之一，因为这些应用程序上可能有一些敏感数据供团队共同使用。SharePoint、Jira、Zoom 或 Slack 也是如此。”

“时间有点晚了，但我明天会联系她。”伊莎贝尔说。

“下面回到你最初的观点，伊莎贝尔，”迪伦说，“我认为项目流程是全面执行某些安全标准的好方法。我们可以在流程中将项目分成由决策点分隔的多个阶段。然后，CIO 或治理小组可以决定是否继续进行后续阶段。”

“我们应该寻找什么样的保护措施？”戴夫问。

“显然，我们想要检查是否存在任何不安全的云存储容器，如我们发现的开放 Amazon S3 存储桶。我们的 SOC 现在会定期检查此类情况，但最好是在项目正式上线前确保其安全。”

“很有道理，”戴夫说，“还有什么？”

“首先，我们应该确保这些应用程序能够自动更新补丁。”迪伦说，“我们需要要求所有应用程序使用多因素身份验证(MFA)。我们应该知道它们是支持完整的多因素身份验证还是只支持 SMS(短信验证码)。如果可以，应该为所有云应用部署 Web 应用防火墙。确保禁用不安全的端口，如 telnet。SOC 应该知道新应用程序上线的情况，这样就可以监控所有远程访问尝试。”

“错误页面怎么办？”伊莎贝尔问道。

“错误页面？”迪伦问道。

“我听说错误页面有时会泄露信息，”伊莎贝尔说，“我从一个项目经理那里听说，他们的AWS安装密钥因其中一个页面的错误消息而被泄露。这允许攻击者使用该密钥创建他们自己的挖矿服务器。他们在月底收到了这些服务的巨额账单。”

迪伦看着玻璃墙上的便利贴。他可以看到人们走进玻璃后面的走廊，从蓝色的Microsoft Azure便利贴后面经过，然后是橙色的亚马逊便利贴，最后走到粉红色的SaaS便利贴旁边。他们停下来，转身，又像忘记了什么似的往回走，又从那些便利贴旁经过。

“所有这些服务之间存在很多交互，对吧？”迪伦想知道。伊莎贝尔、戴夫和科菲都看着他正在看的白板。“我们讨论的是用户与这些应用程序交互时的可见性和控制。但我认为我们仍然缺少一些东西——人。”

会议结束20分钟后，迪伦独自一人留在会议室，继续研究那些便利贴。他按下手机上的按键给艾伦打电话，并解释了他们在做的事情。他们需要能够在所有的应用程序和各种云服务提供商的环境中实施策略。他们也需要能够跨所有这些不同的应用程序来管理策略。艾伦礼貌地听了几分钟，然后打断了他：“软件定义边界。”

“软件定义边界？”迪伦问道。

“是的，简称SDP。”艾伦证实道。

“我想，零信任的全部意义在于摆脱边界概念？”迪伦问道。

“嗯，是的，你说对了。不过，我不是想出首字母缩略词的营销人员。你已经在NIST 800-207中接触过这个概念。它被称为策略引擎。等一下，我给你发一张图片看看，你就知道我在说什么了。”

迪伦切换到免提模式并打开了图片。

“在这种情况下，策略执行点只是客户端上的代理，它连接回策略引擎以根据该员工的角色允许或拒绝活动。”艾伦解释道。

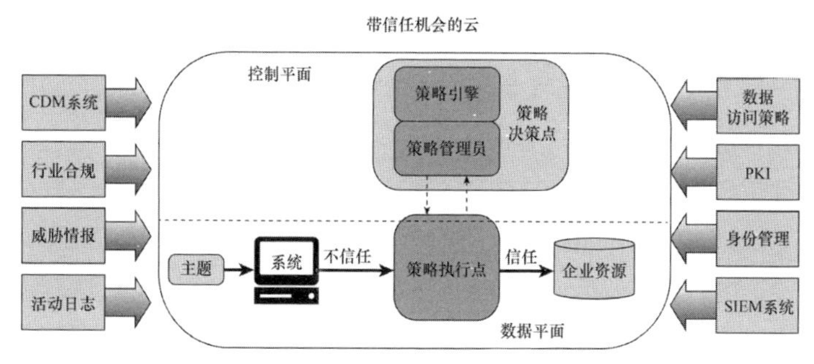

NIST SP 800-207 核心零信任逻辑组件

“这就是我们应该如何管理我们所有分散的云服务吗？”迪伦问道，“用 SDP？”

“目前还很混乱，”艾伦承认道，“有很多方法可以实现 SDP。但我见过的最好方法是使用另一个首字母缩略词，SASE 或 SSE。SASE(Secure Access Services Edge，安全访问服务边界)或只是 SSE(Secure Services Edge，安全服务边界)可以控制访问所有应用程序的策略，并与你的身份系统集成，以向所有用户提供所需要的有限的访问权限。这些代理还可以强制隔离设备以防止网络内部的横向移动。有些还具有远程浏览器隔离功能，因此如果你的某个用户访问恶意网站，恶意软件就会在云的沙箱中被引爆，而不是在用户的计算机上被引爆。”

“由内而外的设计方式呢？”迪伦问道。

“你确实是从内部开始的。现在你正朝边缘推进，”艾伦回答道，“但你说得没错，有一件事情你忽略了。你使用了很多 API。它们是另一个保护面吗？或者是另一种控制措施？

“这又是你的恶作剧，是吗？”迪伦说。

“是吗？”艾伦问道。

“当然，它们既是防护面也是控制措施，”迪伦自信地说，“我们需要从 API 中移除信任关系，不是吗？”

“遗憾的是，你需要另外一种工具。维克可能不喜欢。但你可以说明你的理由。就像你需要 Web 应用程序防火墙来防范 OWASP TOP 10(十大安全漏洞)一样，OWASP 也有一个专门针对 API 漏洞的 TOP 10 攻击。你的 API 可能会暴露，泄露敏感信息而没有审计跟踪。”艾伦说，“只需要确保让他知道，你不必使用一个产品。他可以要求每个应用程序管理员每天手动审查账户活动。长远来看这样成本更高，但至少此时他和你的想法一致。”

“所以我是对的。两者都是。”迪伦说。

“是的，”艾伦不情愿地说，“它们是一个保护面，因为你的服务目录中可能有一个 API 网关。但是有了 SASE 和 API 安全，在保护云基础设施方面，你将开始能够提供更多可操作的数据。”

“我们从哪里开始？”迪伦问道。

“一如既往，从资产开始，”艾伦说，“你需要一份清单，我们需要能够通过发现扫描捕获所有 API 流量。但我们还需要能够在创建新 API 时持续发现它们。我们理解 API 才能检测到异常行为。SOC 需要能够调查和响应 API 威胁。你需要能够长时间保留 API 数据，才能进行历史威胁狩猎。”

“就这些吗？”迪伦笑着说，“在产品发布之前，我们有足够的时间做这一切。”

“你取得的进展比你想象的要多得多，”艾伦说，“不要忘记你已经走了多远。但遗憾的是，这还不够。零信任是一场漫长的旅程。你肯定会发现更多需要消除的信任。”

迪伦走出会议室，左转穿过走廊。他转身按下电梯按钮。迪伦太累了，甚至无法将手机举到耳边或放回口袋，所以他只是手拿着手机站在那里等电梯。

鲍里斯走到迪伦身边，他们默默地一起等电梯。鲍里斯正拿着手机看电子邮件，但停下来看了看迪伦。电梯门开了，鲍里斯先走了进去，迪伦跟在后面，鲍里斯按下了通往大厅的按钮。

“我们需要有标准。”关门时迪伦说。他们站在那里，沉默了好几秒钟。

“你还好吗，迪伦？”鲍里斯问道。

“我一直在考虑标准。”迪伦说。

电梯门打开了，通往大厅。大楼外面一片漆黑。“高标准还是低标准？”鲍里斯问道。

“像天一样高，”迪伦证实道，“就像云标准。”

“哦，你在说工作啊，”鲍里斯轻笑道，“我担心这会涉及个人问题或其他事情。”

“前几天我们聊到了 Kubernetes。”

“是的。安全即代码。我们已经在开发过程中集成了一些安全测试。我们很敏捷，所以我们行动很快！”

“你知道我被聘为云基础设施总监了吗？”迪伦问道。

“我还没听说。我以为我们会为那个职位发布新的招聘启事，但在勒索软件事件发生后我忘了这个事。”鲍里斯承认道。

“我差点也忘了，”迪伦说，“我们没有讨论过安全的容器配置。这些就是我考虑的标准。”

“当然，我们可以添加一些配置检查。”鲍里斯确认道。

“我们可以做漏报检查吗？”迪伦想知道，“确保某些东西不存在？”

“当然可以。这是我们已经在做的事情。”鲍里斯说道。

“我们需要确保容器没有通过 TCP 套接字运行，而是通过 UNIX 套接字运行。你能否创建一个规则，如果它检测到特定的命令，就使测试失败？”迪伦问道。

“可以。如果你给我们具体的命令，这很容易实现。”鲍里斯说。

“我会给你们一份清单。我们还应该确保容器不在特权模式下运行，并且不允许任何提权(即权限升级)。”

“哦，太棒了，”鲍里斯印象深刻地说道，“我不知道有命令可以防止提权。我希望其他软件也有这个选项。”

“我们还应该限制容器的大小和它可以使用的内存，这样容器就不会失去控制。”迪伦说，“此外，我们应该确保容器之间不能相互通信。并且绝对确保文件系统设置为只读，以防止任何修改。”

“我完全不知道这就是你来这里的原因，”鲍里斯说，“我们有些同事想出去喝一杯。你想一起来吗？”

“好啊。听起来很酷，”迪伦说，与鲍里斯一起走着。“还有，提醒我关于容器镜像的事。我们无法相信来自第三方的操作系统镜像是安全的。我们应该找到一种方法来自动验证镜像。”他们走出大楼时他说。

几小时后，迪伦把他的空酒杯放在餐巾纸上。酒吧原来是一家小店，他每天上班路过都没注意到。当你走动时，地板会嘎吱作响，台球桌上少了几个球，只有一根好的球杆。但他开始有宾至如归的感觉。更重要的是，不知何故，他成为了团队的一员。

回想起来，自从加入 MarchFit 以来，一切都变了。他不再独自跑步，每天早上上班前都有一个小组聚会。他甚至在和一帮开发人员喝酒，这感觉有点奇怪。

奥莉维亚走上卡拉 OK 舞台。她一直在角落的包厢里喝酒，迪伦没注意到她在那里。

“洛杉矶对这个男人来说太难了。”当格拉迪的骑士乐队的《午夜开往乔治亚的火车》的开场白开始播放时，她唱道。迪伦发现自己和酒吧里的其他人一样跟着伴唱一起唱了起来。

他以为自己已经见识过了所有的一切，但随后罗斯在他身边坐下，向酒保挥了挥手。酒保在他们面前放下两个小酒杯，开始倒酒。

“我不知道该和谁聊这个。”罗斯说，把他的小酒杯推到他面前，然后抓起她自己的小酒杯，一口气喝了下去。

“一切都还好吗？”迪伦问。他考虑了一下，然后一饮而尽。

“我又收到 3nc0r3 的消息了。”罗斯承认道。

“他发推特了吗？我没有看到任何推特通知。”迪伦说着，拿出了手机。在酒吧里，他还一次都没有看过他的手机。

“没有，他直接联系了我。”罗斯说。

迪伦抬起头看着她，看她是不是认真的。“什么？”迪伦疑惑地问道。

“他愿意给我钱，让我提供有关 MarchFit 的信息。”她说，但她说的时候语速开始加快，“我什么都没告诉他。我不明白他怎么知道我是谁。而且他知道一些事情，他知道我正在参与零信任计划。”

“没关系。我们可以和我们的 SOC 确认一下，看看他们是否发现你的账号有任何可疑活动。我们应该开始锁定账号。”他开始拨打电话。

“抱歉，老板，但我觉得这不是正确的做法。”罗斯说。

“什么意思？”迪伦问道。

“他很绝望，”罗斯说，“如果他能自己攻入系统，就不会以我为目标。这意味着零信任计划正在发挥作用。他认为我是薄弱环节。”

“你不应该那样想。”迪伦开始说。

“哦，我绝对不是薄弱环节。”罗斯打断了他的话，“如果我们现在不理他或阻止他，他只会像几个月来一直做的那样，使用其他方法再次尝试。这是我们阻止他的机会。我们应该联系斯迈克特工。”

“你想设置一个陷阱？罗斯，太棒了。大多数人可能会拿钱然后保持沉默。”迪伦说。

“哦，不，我不可能花那笔钱。如果我那样做，我就会因逃税而被捕。而3nc0r3会陷害我，我也会后悔好多年，”罗斯说，“这样好多了。”

“为什么这么说？”迪伦问道。

“我要成为击败3nc0r3的人，”罗斯坏坏地笑着说，“我要成为一个传奇。”

关键要点

在互联网的早期阶段，要部署一个新的应用程序，必须先建一个服务器，安装并加固操作系统，部署防病毒等系统，设置服务器进行日志记录，并根据需要定制防火墙规则以确保应用程序安全。对于一些组织来说，这一过程可能需要数周甚至数月的时间，而每个步骤都需要熟悉该过程中各个组件的专业人员的参与。

如今，组织选择将应用程序或服务部署到云端的主要原因之一是可扩展性。在某些情况下，使用容器部署新应用程序可能只需要几秒钟。云服务提供商已经创建了自助服务管理门户，允许管理员按一下按钮即可部署新服务。但这也要求云管理员不仅熟悉安全的某一方面，如防火墙，还要熟悉安全的各个方面，以确保应用程序在默认情况下安全部署。增加这种复杂性的是，许多组织不是将应用程序只部署到一个云服务提供商，而是必须部署到许多不同的云服务提供商。

正因为如此，“云”并不是一个保护面，而是许多不同的保护面。

在云安全方面存在许多非常常见的问题，如开放的云存储、没有安全的默认权限、没有启用多因素身份验证以及没有启用向SOC发送日志等。帮助保护所有各种云保护面的最佳方法之一是在项目管理过程本身内置强大的安全要求。这应该有助于解决组织中的大部分官方认可软件问题，但可能无法涵盖所有的影子 IT。

影子 IT 是指不由 IT 部门管理的技术系统。由于影子 IT 服务不遵循组织政策，这可能会给组织带来潜在的责任，例如不符合安全标准或没通过相应的合同审批流程。影子 IT 不仅限于云服务，尽管个人可以轻松创建云服务，这意味着管理起来更具挑战性。为了提供更完整的情况，应定期运行新服务的发现报告。

零信任在云端面临的挑战之一，是许多应用程序无法提供组织在本地运行服务时能够获得的相同级别的可见性。尽管某些云应用程序可以配置为将日志发送到你的 SIEM，但许多应用程序并不支持此功能。一些云应用程序可能具有用于发送这些数据的 API，但并非所有应用程序都具备这样的功能。你不仅需要深入了解应用程序，还需要深入了解应用程序本身的特定用户活动。

云访问安全代理(Cloud Access Security Broker，CASB)可以通过多种方式部署，以帮助提供这种可见性。一些组织选择将 CASB 作为代理运行，以帮助提供这种可见性，但可能会给应用程序增加一些延迟。CASB 可能还需要大量定制，以提供关于应用程序使用情况的足够详细信息，并且当应用程序更新时，可能会破坏 CASB 的定制。另外，一些供应商为其云应用程序提供 API。对于许多常见的应用程序，如 OneDrive、SharePoint、Box 或 SalesForce，CASB 具有原生集成，使你可以快速获得对应用程序的可见性。

虽然零信任的重点是从业务核心开始逐渐向外扩展，但还需要了解端点在你的环境中的重要性。SASE 产品允许组织创建软件定义边界(Software-Defined Perimeter，SDP)，从而提供了一种在不同环境中实现零信任的方法。许多组织已转向员工在家办公的更灵活的模型，SDP 使你能够确保端点仅与策略批准的服务器或服务通信。在 NIST 零信任术语中，800-207 创建了一个概念性的“策略引擎”，它与身份提供者集成并且只允许获得批准的服务。这有效地防止了恶意软件（“通过”）横向移动传播到受 SASE 保护的端点。还可以通过远程浏览器隔离进一步保护受 SASE 保护的端点免于访问恶意网站，以便网页在沙盒环境中运行，而不是在端点本身上运行。

在云部署方面，当今最大的盲点之一是互连不同服务的所有 API。虽然 MarchFit 在用户前端有 WAF 和其他安全控制来防止 OWASP TOP 10 攻击，如 SQL 注入或跨站脚本，但这些 Web 服务的后端几乎没有可见性。OWASP TOP 10 API 漏洞包括损坏的对象级身份验证、过多的数据暴露或批量任务等问题。这些漏洞导致 Peloton、Parler、Facebook 等公司泄露了大量数据。即使组织使用加密来保护其应用程序，攻击者也可以使用中间人攻击来发现 API 中的缺陷，以对路径进行逆向工程并渗出数据。

零信任设计方法的最后阶段提醒我们监控和维护云保护面。监控 API 流量是获得对云服务相同级别可见性的良好方式，就像许多组织对内部应用程序所能实现的那样。所有 API 调用都应该记录至少一年，类似于为调查目的存储其他日志的方式。API 清单应该像其他设备或数据清单一样进行维护，但由于 API 是动态的，组织还需要 API 监控工具来实时发现 API 并与现有 API 网关集成。

如今，大多数组织依靠其 SaaS 合作伙伴来提供安全的服务。云服务提供商只是另一个第三方供应商，组织可以用来保护自己免受第三方侵害的主要保护措施之一是合同。你应该有一个第三方供应商管理程序来帮助解决此处的风险。合同应包括事件发生时通知你的具体要求(不仅仅是泄露)。合同语言不应包括对直接损害的任何责任限制。许多供应商将损害赔偿限制为购买服务所支付的费用，但当与用户共享个人或其他敏感信息时，组织的成本可能会很高。合同条款应要求供应商购买网络保险，特别是因为 2/3 的泄露行为是由供应商造成的。应要求供应商支付通知受害者的费用。

每家公司都有责任对供应商的安全进行尽职调查。有一些组织，如共享评估和云安全联盟(Shared Assessments and the Cloud Security Alliance)，可以帮助阐明许多供应商的安全状况。也有一些组织选择根据自己的具体需求创建自己的安全问卷。在某些情况下，对于极其庞大、高风险的供应商合同，组织可能需要安全审计的证据，甚至自己对供应商安全进行审计。还有一些供应商提供安全评级服务，类似于 Experian 和 Equifax 为个人提供信用评级的方式。对于所有重要的技术合同，IT、安全和法务部门应在签署之前审查协议条款并予以批准。如果供应商的安全存在重大危险隐患，这些团队必须能够对供应商说“不”。如果供应商违约，应该能够解除合同。

第9章

可持续发展的文化

春•朴(Chun Park)不是一个普通的名人。在 MarchFit 应用程序中，他被称为“行走播音员”(walkie-talkie)。MarchFit 网络上的许多内容创作者并不说话，他们只是拍摄自己在许多不同地点行走或跑步的视频。通常，人们在家里踩着跑步机做其他事情，如工作或打电话，所以他们只想看一些漂亮的背景。行走播音员则采用了不同的方式：他们会讲述自己的步行过程。这些有旁白的视频是最受欢迎的一种视频，因为人们会在白天有目的地休息一下，与喜欢的人一起散步。春•朴的声音和平静的举止就像鲍勃•罗斯(Bob Ross)和弗雷德•罗杰斯(Fred Rogers)的混合体。

春•朴是一名年老的农民，他通过互联网自学英语。他的孩子们都很成功，他搬到了山里。3 年前，他加入了 MarchFit，每天在乡村散步两次，早上一次，下午一次。人们认为他更像白雪公主——因为动物们会走到他面前，从他手里吃东西。

“朋友们，今天是个特别的日子，”春•朴说着，踏上了一条碎石小路，远处鸟儿在歌唱。“安全对我来说一直非常重要，我知道对你们也是如此。MarchFit 没有要求我说什么，但我看到它们最近做了许多改变。我很荣幸成为这样一个团队的一员。如果你点击 MarchFit 应用上的“信息”选项卡，会看到有关保护你的账号的信息，你应该去了解一下。”

在 MarchFit 总部内，迪伦在洗手间的镜子前整理了一下领带。他当时在行政简报中心(Executive Briefing Center，EBC)外的洗手间里。他之所以穿上面试用的套装，主要是因为这是他唯一的西装。他走了出来，维克的助理挥手示意他进入会议室。

房间里坐满了他从电视上认识的人。他们也是 MarchFit 的董事会成员。坐在维克旁边的男人拥有一支足球队。坐在金和唐娜之间的女士是一位科技公司的 CEO，她登上了本月《连线》杂志的封面。而且他非常确定，坐在科菲旁边、房间尽头的那个人是前国会议员。

他们听完了财务审计员的报告。迪伦注意到那位前国会议员开始打瞌睡了，但随后轮到他发言了。他站起来时，他的演示幻灯片出现在他身后的大屏幕上，他不需要进行任何操作。

“努尔让我向董事会介绍零信任计划的进展情况时，我有点紧张。”迪伦停顿了一下，几名董事会成员笑了起来。迪伦环顾四周，每个人都身体前倾，目光都集中在他身上。“我承认，我还是有点紧张。”这引起了更多的笑声。“起初我对零信任持怀疑态度，但现在我们已经开始实施，我可以说我们已经做出了一项最好的战略决策。这就是零信任——一种将安全与业务保持一致的战略。”

迪伦停顿了一下，看看有没有人提出问题。看到没有人提问题，他将幻灯片翻到下一页。幻灯片上只有一个数字：$6 343 261。

“零信任是为了让安全和业务保持一致，这实际上是第一步。在过去的几个月里，我花时间与唐娜、我们的部门负责人和其他管理团队沟通，以了解我们的业务运作方式。部分原因是为了应对我们最近遇到的安全攻击事件，我们知道应对恶意软件并重新启动和运行需要花不少钱。”

“600 万美元是不是有点少了？”维克问，“我认为我们的总成本要高得多。”

“没错，维克，”迪伦回答，“每停机一小时，我们就会损失大约 600 万美元。”房间里传来一阵抽气声。

“我认为我们的收入没变，”一位董事会成员说，“我们失去了一些月度订阅客户，但这对我们影响不大。”

“收入确实有所下降，”唐娜说，“但我们所有的成本仍然存在。我们维持商店运行，并继续向内容创作者付费，即使没人观看。”

“而且我们知道这对我们品牌的影响也很大，”科菲补充道，“我想这也包括在这个数字中。”

迪伦点点头：“为了应对勒索软件事件，我们花了大约 36 小时才恢复运营。”

“你是说这次攻击的实际成本超过两亿？”维克问。

“是的，”努尔说，“重要的是，这是目前我们可以预计的任何未来事件的最小损失。我们非常确定某种网络攻击会再次发生。”

迪伦转到下一张幻灯片，其中列出了零信任团队在过去几个月中启动的不同项目。屏幕中央有一条标有“恢复时间表”的时间轴，共有 36 个不同的每小时增量值。每个零信任计划都有不同粗细的线连接到时间轴的不同部分：有的只有一到两小时的时间跨度，而其他的则有 6 到 8 小时的时间跨度。

“零信任计划的重点是将攻击或其他事件的影响降至最低。在对这些项目进行仔细分析后，我们展示了如何将事件恢复所需要的时间从至少 36 小时缩短到 8 小时。”

人们继续向迪伦提问，每个人都提出了他们最关心的问题。会议结束后，迪伦留了下来，高管们慢慢离开，他继续回答董事会成员提出的问题，他们对 MarchFit 技术的不同方面感到好奇。迪伦看了看手表，意识到他和维克的汇报要迟到了。

迪伦知道去维克办公室的路，但路径完全不同了。他很确定已经为不同的会议区域竖起了新的围墙。现在有机器人保安在走廊上巡逻。当迪伦经过它然后进入奥莉维亚的旧办公室时，它发出了愉快的哔哔声。

他敲了敲门，然后走了进去。房间重新装修过了。地毯已经换成了新的，一块大地毯占据了房间的一侧。墙壁已经从石膏板改为一块迪伦无法辨认的石板。整整一面电视墙播放着不同的新闻频道，不过都处于静音状态。显然，他们还添置了一个真正的壁炉。

维克示意迪伦在一个沙发上坐下，这是围绕一张矮咖啡桌的 3 个沙发中的一个。“你一直在为新的安全项目提出新的预算申请，”维克开始说道，“尽管我告诉过你我们需要专注于新产品的发布。”

“我已经尝试展示我们提出的每个申请的业务用例。”迪伦正要回应，但维克挥手让他停下来。

“你提出这些申请是对的，迪伦。我们第一次谈话时，我没有看到大局。但大局确实存在，这些请求帮助我看到了大局。安全是我们的核心价值观之一。

奥莉维亚发起零信任计划是正确的。我开始看到你们的策略正在起作用。”

“我们已经取得了很大进展，”迪伦证实道，“我们有望在几周内的产品发布前完成大部分计划。”

“这就是我想和你讨论的原因。我们将在发布活动中突出一些安全增强措施。我们必须承认我们遇到过挫折，但我们的竞争对手也面临着同样的挑战。基于对安全的承诺，我们希望将自己与他们区别开来。”

“这是个好主意。我很乐意能介绍我们在零信任计划上所做的工作，但我不确定我能分享多少内容。”迪伦承认道。

“我喜欢这个主意。你可以与产品营销团队合作，在一些会议上发言。我希望你分享整个故事，包括好的和不好的方面。我们需要重建与客户之间的信任。我们还能做些什么来表明我们的承诺？”

“实际上，我们刚刚在讨论云安全。云安全联盟有一个企业注册中心，这些企业已经通过认证，表明他们拥有正确的云安全控制措施。我们可以开始着手解决这个问题，但我不认为能及时准备就绪以配合产品发布。”

“迪伦，也许在过去的几个月里并不是这样，但你拥有我的全力支持。有人说你需要高层的支持才能实施安全措施，还有人说最好有基层支持。而你在这两方面都能得到支持。我真的很想看看你的演练，”维克说着站起来向迪伦伸出手，“你准备好了吗？”

“我们正在努力。”迪伦站起来和维克握手。

走下楼梯花了几分钟，但迪伦很确定上次来的时候零信任中心(哈莫尼称之为地下会议室)没有迪斯科灯光。背景音乐是某种奇怪的电子乐队音乐。但整个团队终于又一次聚在一起，感觉已经过去几个星期了。罗斯走到迪伦身边，递上一个红色的 Solo 杯。他不确定里面是什么，所以先闻了闻再小口品尝了一下。“可惜我们从未将零信任原则应用到安全意识培训上。”迪伦在想到即将进行的演练时说道。

“你在说什么？”罗斯说，“我当然将零信任方法应用到了安全意识培训中。保护面是人，事务流程是员工从面试过程到其离开公司或退休之日的生命周期。抱歉，我以为这是显而易见的。”

“不，继续！”迪伦惊呼道。

“就像我们一开始讨论的那样，在一开始就确保某些东西更有效，所以我们从新员工入职培训开始。但随后我们重新构建所有的 IT 或人力资源培训，以有意包括网络安全元素，从学习 Excel 到如何成为一名优秀的管理者。制定策略就是要定制用户体验，因此我们还根据组织中的不同角色，为针对安全的培训提供了多种不同的途径。要不要看看我们的培训计划？”

“呃，好的。这听起来太神奇了。”迪伦一边说，一边思考着其中的影响，“但我们应该开始开会了。”房间里的其他人在静静地听着他们对话。哈莫尼加入了 Zoom 会议，SOC 团队经理路易斯和克里斯都加入了会议。几秒钟后，彼得•刘和努尔也加入了会议，哈莫尼让人们从等候室进入会议。

“让我们开始吧。距离演练只剩下一周时间了。我们会在最后讨论场景，但我想先从后勤工作开始。”迪伦停顿了一下，等待有人提问。“我想从邀请名单开始。我很想邀请公司里的每一个人，但我们最大的会议室只能容纳大约 60 人，而且只能站着。”

“我们为什么不使用虚拟会议？”布伦特问道。

“我们发现，当参与者都在同一个房间时，沟通会更有活力，”克里斯说，“其他工作的干扰更少，它模拟了真实状况的紧张感。”

“特别是那个会议室也是大约 6 个月前我们首次关于勒索软件攻击的简报会的地方。”努尔补充道。

“我们会录制这次演练的过程，但大多数人可能不想观看整个过程，”罗斯说，“我们可以对录像进行剪辑，把最重要的部分做成培训视频。”

“我认为这是个好主意，”迪伦说，“我们可以使用 Zoom，但将仅供观察员使用。维克希望亲自到场参加。我们至少应该邀请奥莉维亚、科菲、唐娜和金参加现场活动。还应该邀请谁？”

“斯迈克特工最好能在现场，如果他不忙的话。”罗斯微笑着说。

“我们的主持人将负责组织演练，”克里斯说，“他将与安全顾问彼得一起协调执行实际的渗透测试。路易斯将监控 SOC，如果 SOC 发现任何异常情况，他会发出告警。”

“如果他们没有发现任何异常呢？”彼得问。

“我们将继续进行场景模拟，按照提示操作，看看你能走多远。我们将做好记录，用作改进可见性和控制措施的下一步计划。”迪伦说。

“还有一点需要提醒，”克里斯说，“我们希望能够模拟现实世界的场景。有时现实世界中发生的事情会影响事件响应。所以你也应该准备好面对一些关键人员可能会突然遇到家庭紧急情况需要离开的情况。每个人都应该有一个备份人选准备随时接替其工作。”

罗斯站在一个放在高高的三脚架上的大型摄像机前。她头顶上悬挂着一个毛茸茸的麦克风，身后有一个绿色的屏幕。她所在的房间被设计成一个培训实验室，里面有一排排计算机，人们可以在那里进行培训。由于 March Fit 的大多数员工仍在远程办公，他们拆除了前三排桌子，创建了一个虚拟工作室。房间后面还有几排桌子，是为了进行保持社交距离的面对面培训使用的。

“制片人”菲奥娜走进房间，透过摄像镜头查看图像。Zoom 会议上已经有很多人。她对罗斯竖起大拇指，说：“等你准备好就开始。”她按下 Zoom 中的录制按钮，然后退后一步看着罗斯。

“在 MarchFit，协作是我们最重要的工作，”罗斯说，“现在比以往任何时候都更重要的是，我们要安全地进行协作。我们支持多种不同的协作工具，从 Slack 到 Microsoft Teams，但你们的部门可能还会使用自己专门的协作工具。”

屏幕上显示的聊天窗口开始滚动，不同的人在评论在各自部门使用的工具，从软件问题跟踪到项目管理软件。

“提醒我们注意安全的最好方法之一就是想想我们正在保护的人。”罗斯在静音状态下播放了一段 MarchFit 的宣传视频，以便继续讲话。“我们很容易忘记是在保护真实的人。我们鼓励你们从我们的用户照片中选择一些并打印出来，以提醒自己我们正在保护谁。”屏幕上出现了几个鼓掌的图标，还有更多人在聊天窗口中写下鼓励的信息。

“我们对所有工具都设置了一些安全控制措施，如单点登录(SSO)或多因素身份验证。因此，如果你的应用程序没有启用该功能，请告诉我们。这些措施有助于我们保护应用程序，但它们也提供审计功能，以防发生问题。今天，将重点介绍如何充分利用 Slack 和 Teams，但在深入了解如何使用它们之前，应该了解一些适用于我们使用的任何应用程序的安全最佳实践。”

菲奥娜清了清嗓子说：“聊天窗口中有人问短信可以作为多因素身份验

证吗？”

“好问题，”罗斯说，“简单来说，短信用作多因素身份验证并不像其他方式那样安全。长话短说，攻击者会进行 SIM 劫持。他们可以假装是你打电话给你的电话公司，说他们刚买了一部新手机。他们将你的手机号转移刻录到他们的 SIM 卡中。那么，你通过手机收到的所有多因素身份验证短信都会直接发送给攻击者。”

聊天窗口开始滚动得比罗斯阅读评论的速度还要快。

“在我们进一步深入之前，还应该了解另外两件事。首先，我们永远不应该完全相信工具是安全的。其次，我们应该为出问题做好准备。你们可能已经知道了，我们绝不会在 Slack 或 Teams 上共享密码。因为我们不信任这些系统，所以我们不想将可能暴露的敏感信息放在那里。我们有其他安全的系统用于共享敏感数据。”

“承包商呢？”菲奥娜问。

“很高兴你提出这个问题，”罗斯说，“有时候，我们需要给承包商一些协作工具的访问权限。这是业务中必要的一部分，但不必将这些账号设置为永久有效。对于访客访问权限，应该始终将账号设置为在一段时间(如一周或一个月)后过期。如果需要，可以随时延长账号的有效期。但从经验来看，如果将访客账号设置为永久有效，我们总会忘记在承包商离场后将其关闭。这是攻击者入侵的好机会。”

迪伦、哈莫尼、布伦特和尼格尔正在零信任中心听取一个为行业的信息安全咨询委员会(Information Security Advisory Council，ISAC)工作的分析师的情报简报。哈莫尼按下笔记本电脑上的静音键。“真不敢相信我们多年来竟然没有加入 ISAC。这里提供的信息是我们得到过的最好的。”她说。

“我本来以为成为会员会需要很多钱，”迪伦承认道，“但其实每年只需要几千美元。我们加入 ISAC 才几天时间，但仅从讨论列表中的所有电子邮件就可以看出，这是我们最近做出的最佳投资。”

“你有没有看到那个针对几家大型零售组织的俄罗斯威胁行为者的 IP 地址？”尼格尔问。

“是的。我已经在我们的防火墙上阻断了它们，”哈莫尼说，“但我们可以开始整合他们的一些威胁源来自动执行此操作。不过我敢打赌，有一种方法可以验证这些源，而不是盲目地相信它们。我得调查一下。”

“我必须告诉鲍里斯有关威胁行为者的信息，他们针对的是使用我们底层技术栈的组织。”尼格尔说，“既然我们对他们的目标有更多了解，那就可以采取一些措施。”

“在分享信息时要小心，”迪伦提醒他，“我们必须遵循他们的分类系统进行分享，即使在 MarchFit 内部也是如此。”他看着布伦特说。

“为什么所有人都看着我？”布伦特笑着说。

伊莎贝尔站在绿色屏幕前的罗斯旁边。菲奥娜在她的笔记本电脑上共享了屏幕，展示了一张幻灯片，上面写着“项目管理 101”。该培训是为管理人员开发的，但伊莎贝尔希望通过人力资源部门将其作为一个定期培训。人力资源部门的主管米娅•华莱士和她的几名员工坐在后排的一张桌子旁现场观看。

“好，在开始培训之前，我们要做一些新的事情。”伊莎贝尔说，“它叫作安全一分钟。从现在开始，我们在每个会议的前 60 秒都将讨论一个安全问题。我们鼓励你在你自己的团队聚会或项目简报中这样做，只要感觉最合适即可。别担心——我们会每周通过电子邮件向你们发送可以讨论的几个主题。”

房间后面的人力资源团队开始做笔记。

“本周的安全一分钟是关于密码的。”罗斯继续说道，“你们中有多少人在不同的网站上重复使用相同的密码？请举手。”几乎有一半的人在 Zoom 上举手。所有的人力资源部员工都举起了手。“我要告诉大家一个秘密，”罗斯说，“我实际上并不知道我的任何密码。我们建议使用密码保险库。它可以在多个设备上存储密码。但最棒的是，它可以创建一个随机的超长密码，并且对于你访问的每个站点都是唯一的。我们希望鼓励人们让网站记住你的密码。这是帮助你识别何时单击了试图窃取你密码的网络钓鱼站点的好方法，因为你的设备不会记住它。记住，如果你不知道密码，就无法泄露。”

“这不就像空乘人员在每次飞行开始前检查安全信息一样吗？”伊莎贝尔像排练过一样问道。

“是的，完全一样。”罗斯证实道，“我们发布的信息对人们来说可能是新的，也可能不是。但我们在安全一分钟中传达的真正信息是，在我们的组织文化中，我们希望团队知道我们重视安全。我们非常重视它，以至于它是我们讨论的第一件事。而我们的目标是让组织中的每个人都把安全放在首位。”

“现在让我们聊聊我最喜欢的主题——项目，”伊莎贝尔说，“安全也应该是在项目中首先考虑的事情。对于一些较大的项目，我们会指定 IT 人员担任项目的安全联络人。较小的项目应该指定一个人担任这个角色，比如副手。”

“对于这次培训，”罗斯继续说道，“我们将以一个案例研究作为要管理的项目。我们将计划一个假设的 MarchFit 开发者大会。”

“有一天这可能真的会发生。”伊莎贝尔证实。

“我们已经做好了准备，”罗斯说，“但我们要做的第一件事是事前反思。大多数人在项目结束后才会考虑出了什么问题。我们会反其道而行之，先讨论可能会出现的问题，然后讨论如何应对这些问题，并且制订计划。”

迪伦走进培训室。米娅和一些员工在他们的桌子旁小声交谈，所以迪伦在另一张桌子旁坐下。伊莎贝尔和罗斯感谢听众来听他们的课，然后过来和迪伦讨论演练的事情。

迪伦正要开始说话时，米娅走到了桌边。

“这节课真棒，”米娅说，“这是你们组织最好的一次，而且我喜欢你们将安全融入培训的方式。”

“谢谢！”罗斯和伊莎贝尔同时说道。

“我一直在思考我们的安全意识培训。”米娅说。

“我知道。我们正在构建一个全新的安全意识计划。”罗斯说。

“你考虑过如何衡量人们的变化程度吗？他们的习惯随着时间的推移发生了变化吗？”米娅问道。

“我们正在制作一些测验，”罗斯说，“并且正在衡量参与度。”

“我在想，你们是否有兴趣将安全培训纳入福利计划？”米娅问道。“我们知道，人类行为的五成是基于习惯的。我们的福利计划旨在改变行为。在我看来，我们的安全培训应该专注于以完全相同的方式改变不良习惯。”

“有道理。”迪伦说道。

“而且作为福利计划的一部分，已经有一群核心员工参与了每项活动。”米娅说，“如果我们能改变员工的安全习惯，将产生重大影响。我们可以衡量安全行为的变化，就像我们通过福利计划衡量其他行为变化一样。”

布伦特和尼格尔站在EBC的咖啡机前，咖啡机自动研磨咖啡豆，然后制作出完美的卡布奇诺。布伦特拿起杯子，深吸了一口香气。他轻轻地加了一勺糖，然后慢慢搅拌。尼格尔拿起自己的杯子，转身看到一位穿着绿色马球衫的年轻IT小伙儿站在EBC的门口往里看。当尼格尔与他进行眼神交流时，那个人敲了敲EBC的门，然后向他们两人挥手。布伦特耸耸肩，走过去开门，另一只手小心翼翼地拿着咖啡。

“我觉得那是西蒙，IT服务台新来的人。”尼格尔边煮咖啡边凝视着磨豆机。布伦特打开了门，什么都没说。

“你们应该在这里吗？”西蒙问道。

“我们用工卡可以进来。”布伦特回答道。

那人四处看了看：“我也可以来杯咖啡吗？”

“你的工卡能用吗？”尼格尔问道。西蒙刷了一下卡，却发出恼怒的哔哔声并闪烁着红灯，表示他实际上并没有权限。

“拜托，伙计们。我真的需要一点咖啡因。”西蒙恳求着说。

“就一杯，”尼格尔警惕地说道，“但我们不会让你因为和我们一起喝咖啡就随意跟在我们后面进入数据中心。”

布伦特耸了耸肩，西蒙走进房间，走到尼格尔站的地方。尼格尔让开了一步，让西蒙自己冲咖啡。西蒙站在那里想了片刻，然后按下了美式咖啡的按钮。他忘记放杯子在下面，咖啡在他意识到之前就开始滴下来了。他又重新开始冲咖啡。

“真不敢相信，我刚刚帮一个人更改了他的密码。他搞不清楚那个门户站点，所以我去现场帮他。”

尼格尔和布伦特并排站在一起喝着咖啡。“他为什么需要更改密码？”布伦特问道。

“哦，他点击了一个网络钓鱼链接，然后意识到自己这样做不对，所以打电话告诉了我们。但你知道人们常说：人是最薄弱的环节。”

“糟糕。”尼格尔说道。

“怎么了？”西蒙问。

“我们在布伦特面前不会这么说。”尼格尔说道。

“人不是最薄弱的环节，”布伦特纠正道，“人是唯一的环节。”

“但我想我们正在做零信任？我们不应该信任任何人，对吗？”

“零信任并不是这个意思，”布伦特说道，“我以前也是和你一样的想法。但零信任要求我们作为一个团队进行合作。如果我们不相互信任，就无法成为一个团队。零信任不是关于个人，而是关于数据包。我们必须相互信任来完成工作，但我们不必信任通过设备和网络与个人连接的数据包，而这些设备和网络是我们组织的命脉。”

“我没有意识到这一点。我只是听说几乎所有的安全事件都是由人或人为错误造成的。”西蒙说。

“相信某件事是真实的，就会使它成为真实的，”尼格尔说道，“这种情况太常见了，因此有一个专门的名字，叫作皮格马利翁(Pygmalion)效应。我们对人的信念影响着我们的行为，我们的行为影响着其他人对自己的信念，而他们的行为又加强了我们的信念。在某件事上取得成功最重要的是相信它是可能的。”尼格尔若有所思地抿了一口咖啡。

西蒙眨了眨眼，停顿了几秒钟。他没想到会有这样一场哲学性的讨论。他拿起自己的美式咖啡喝了一口，一边喝着一边思考着。

“零信任并不是关于持怀疑态度，”布伦特解释道，“怀疑论是一种捷径，这样你就不必对任何事情进行批判性思考，因为一切都是不好的。零信任是要在一个系统中找到信任关系所在，并在不破坏系统的情况下精确地去除信任。这既需要对业务运作方式有深入的了解，还需要对技术有深入的理解。而且我们必须在信任我们所工作的团队的同时应用我们的知识。”布伦特说，“我们都曾与那些喜欢在桌子上敲手指并解释为什么我们不能做某些事情的安全人员一起工作。我们必须比他们更出色。零信任帮助我们说‘是’。知道我们可以从服务中移除信任时，我们可以做以前无法做的事情。如果我们说‘不’，人们只会去其他地方解决问题，这就会产生影子 IT，而我们无法保护我们不知道的东西。因为我们帮助人们做事而不是说‘不’，所以所有的影子 IT 都会回流，并且我们也会确保其安全。”

迪伦坐在会议室的桌子旁，他迟到了。他已经习惯了远程工作，在会议之间来回奔波的时间是最让他烦恼的事情之一。努尔正在发言，迪伦环顾了一下房间里一些他还没机会一起合作的 IT 人员。他们都打开了自己的笔记本电脑，有些人在轻敲键盘。这是他忘记了的面对面会议的另一个烦恼。迪伦看着不同工程师的笔记本电脑上贴着的贴纸。在各种科技或科幻贴纸中，他不断看到带有数字“0”的不同版本的贴纸。

迪伦意识到每张贴纸都对应着几个月前零信任计划团队定义的保护面之一。一些工程师有多张贴纸。迪伦意识到他们公开展示了他们负责保护的所有保护面。

他还注意到在房间里的所有人中哈莫尼的贴纸最多。他得问问她从哪里弄的这些贴纸。

他在笔记本电脑上给她发了私信。原来，每个团队在哈莫尼的催促下都制作了自己的贴纸。其中一个人娶了一个平面设计师，他的贴纸设计得像“二战”轰炸机的机鼻艺术。有些贴纸上有火焰或盾牌。有些是基于文本的，上面写着“PZT DNS 中队”。身份识别团队的贴纸上有一个超级英雄，胸前有一个小写的“i”，上面有一个点，形成“0”的形状。在他意识到之前，他们的团队似乎已经从 6 个人发展到整个公司。

几分钟后，迪伦在电梯口等着下楼。这是漫长的一天，他闭上眼睛片刻，想象着打个盹。然而，他的遐想很快被一双高跟鞋的响声和淡淡的丁香花香味打断了。他睁开眼睛，看到伊莎贝尔站在他旁边。他们默默地乘坐电梯下楼，然后走出电梯，朝着出口走去。

“我一直想谢谢你，迪伦。”伊莎贝尔说道，停在门前。

“谢我？”迪伦停下来面对她问道。“我做对了什么吗？这次我终于做对了一件事吗？”他开玩笑地问道。

“哦，不，”她解释道，“不是因为某件具体的事情。更像是你没有做的事情。我在制造业做项目经理的时候就认识奥莉维亚，她让我加入并帮助扩大我们自己制造跑步机的能力。之后，我留了下来，成为项目管理办公室的负责人。”

“哦，我完全不知道。”迪伦承认道，“这真的很有意思，但我仍然不明白你为什么要谢我。”几个人走过他们身边，所以他们两人稍微让开了一点，避开人流。

“我们启动零信任计划时，所有的 IT 项目经理都忙得不可开交。这意味着我是唯一一个没有参与恢复工作的人，这就是我开始与你合作的原因。”

“听起来就像是被我卷入零信任计划一样。”迪伦说。

“我对 IT 一无所知，所以这对我来说是一个非常陡峭的学习曲线。无论如何，我要感谢你们，因为你们从来没有让我因为不知道你们使用的一些首字母缩略词或行话而感到难堪，”她说，“这真的让我觉得我是团队的一员。”

“不客气。”迪伦说。“你是团队中非常重要的一员！没有你，我们不可能取得这么多成就。”迪伦说。他们打开门，看着太阳在地平线上落下。他们走向各自的汽车。

几小时后，罗斯和斯迈克特工坐在一个旅馆房间里的桌子旁，周围有穿着西装的人匆匆走过。敲门声响起，所有人都愣在了原地。他们齐刷刷地转向房门。“比萨。”外面传来一个声音。离门最近的特工撑开了门，送餐小哥看到房间里的所有人时，后退了一步。

“你们不会要让我带个窃听器吧？”罗斯在送餐小哥走后开玩笑地问道。

“当然会的。”斯迈克特工回答道，递给她一个看起来像是钢笔但实际上隐藏了一个麦克风的东西。她把它塞进了西装外套的口袋里，轻轻敲了几下麦克风试音。对面的技术人员对她竖起了大拇指，然后继续打字。

罗斯看着摆放在大型迎宾台上的一排笔记本电脑，那里原本是摆放鲜花的地方。现在花已经被放在地板上了，取而代之的是对面街道上咖啡店 24 个不同角度摄像头拍摄的画面，罗斯将在那里与 3nc0r3 会面。她认出了那个穿着黑色皮夹克的高个子特工，他刚刚离开房间坐在咖啡店的前窗口的位子。

“要不要再看一遍剧本？”斯迈克问道。

“让他确认转账，”她说，“让他尽可能地承认。但不要听起来像是我要让他承认什么。我会从一些小问题开始，比如某个小故障是否真的是他造成的。然后我会通过谈论办公室里每当出了问题，所有人都把他当成‘怪物’一样对待他来迎合他的虚荣心。在这个过程中，我会尽量表现得不满。”

“就是他。”当一个年轻人转过街角走进店里时，技术人员说道。房间里几乎每个人都在那一刻站了起来。

“好了，该走了。”罗斯笑着说道，然后抓起钱包准备离开。

关键要点

成功的零信任策略始于营造一种支持性文化。

安全文化始于高层管理团队，但必须赢得业务管理团队的信任。安全团队不应该简单地要求无限的预算并期望得到自己想要的一切。在之前的几章中，还有许多用例表明团队在没有新预算的情况下使用现有工具解决了所面临的挑战。团队还为实现 MarchFit 的目标所必需的不同项目编写了多个业务理由，这就是零信任策略可以提供帮助的地方。零信任有助于定义宏观(全局)目标，每个业务用例都应与总体战略保持一致。这有助于让领导层明确如何实现遏制网络安全事件的整体目标。

在安全意识培训方面，人就是保护面。所有员工都有一个生命周期，从面试到离开组织或退休。文化由组织每天付诸实践的期望、流程、行为和仪式来定义。这些都可以通过培训来影响并通过政策加强。但安全意识也应该是渐进的，这样员工才能在职业生涯中不断学习和成长。培训信息也应根据组织内部的特定角色进行定制和个性化。

如今有许多不同的方法可以帮助团队进行协作。SharePoint、Slack 和其他应用程序使分布在世界各地的团队能够比过去更快地共享和创新。这些工具还要求我们不断调整个人在所有这些新的和不同类型的工具上应用安全性的方式。有时这意味着我们必须改变行为，以更好地适应所处的环境。

50%的人类行为都是基于习惯的。为了有机会改善安全成果，我们需要让关键的安全行为成为一种习惯。为了衡量行为变化，还应该检查我们的网络安全习惯。在团队中养成使用“安全一分钟”等技术的习惯可以帮助团队拥抱强大的网络安全文化。

对于个人来说，网络安全常常令人恐惧。这在技术上具有挑战性，如果做不好会有非常现实的后果。我们需要帮助团队中的每个人建立一个身份，让他们相信自己有能力在安全方面发挥作用。零信任要求我们积极主动，以防止不良事件发生。这可能需要一些努力，所以我们将这种工作变成一种习惯时，遵循零信任原则会变得更容易。

要取得成功，并不需要在第一天就让每个人都参与进来。宾夕法尼亚大学的大卫•森托拉(David Centola)及其同事的研究表明，为了产生长期可持续的变化，我们只需要让群体中的 25%采纳新的行为，整个群体的行为就会发生改变。通过与人力资源部门及其福利计划合作，许多组织已经在很大程度上达成了这一目标。

创建拥抱“零信任”理念的文化至关重要。这意味着需要扩大对话范围。当我们谈论网络安全(特别是零信任)时，需要让所有部门参与其中：所有的 IT、财务、人力资源、法务、风控部门，甚至董事会。我们的业务管理团队关于零信任的第一个问题是：“你说的不信任是什么意思？”要成功地运营一个组织，我们需要信任。信任是业务的纽带。

我们信任的是人，不是数据包。

零信任也存在一个陷阱。人们在零信任之旅中最常犯的一个错误是“我们不应该信任人”。信任人是我们在零信任之旅中能够取得成功的最关键的事情。零信任关注的是从数字系统中消除信任关系，因为威胁行为者正是利用信任来获取未经授权的访问权限。

信任也是人类所有人际关系的基础，也是企业运营的基础。

在安全领域，尤其是零信任领域，很容易陷入冷嘲热讽的陷阱。如果我们不信任任何东西，就不必付出任何努力来分析情况。但是在与他人合作时，我们需要建立信任以实现目标。零信任计划需要在组织内建立一个由许多不同团队组成的联盟，从 IT 到人力资源、法律、财务、风控和审计。

在 *Speed of Trust*(Simon and Schuster，2006)一书中，作者斯蒂芬•柯维认为，我们需要在应用分析的同时保持高度信任，以便做出良好的判断。如果我们从不信任，对周围的人持怀疑态度，我们就会犹豫不决，无法取得进展。缺乏信任实际上可能会给组织带来负担，会减缓进步并阻止个人和组织充分发挥其潜力。当安全团队持怀疑态度时，组织就会受到影响。

在网络安全领域有一个秘密座右铭：“人是最薄弱的环节。”如果我们相信这个说法，就会为自己的失败埋下伏笔。首先，因为这个说法是错误的；其次，因为它改变了我们的行为方式。在我们的组织中，人是最大的攻击面。更准确地说，当涉及网络安全时，人是安全链条中唯一的环节。

在 20 世纪 60 年代，哈佛大学心理学家罗伯特•罗森塔尔描述了一种效应，实验中的受试者由于对结果的预期，使这些预期变成了现实。他与一位小学校长莉诺尔·雅各布森合作，在学校告诉教师最差的学生实际上是最好的，而最好的学生实际上是最差的[1]。到了年底，他们再次测试学生，而教师认为最好的学生(实际上是最差的)在成绩上超过了同班同学。如果我们坚持认为人是最薄弱的环节，将使这种信念变为现实。

1 Rosenthal & Jacobson(1968)，Pygmalion in the Classroom，*Urban Review* 3 (1)：16-20.

第10章
桌 面 演 练

迪伦、布伦特、哈莫尼三人站在 ZTC 地下会议室的投影屏幕前。房间里的灯光实际上是第一次亮起来。房间中央的会议桌换成了两张 L 型的大办公桌，桌子后面的墙上摆满了旧设备的架子。一张绿色的沙发和 3 件家具组成了一个 U 字型。一块旧地毯被放在 U 形的中间，投影屏幕位于开放的一端。桌子上贴满了贴纸。迪伦第一次注意到房间另一侧有一扇红色的门。

“那扇红色的门后面是什么？”迪伦问道。

哈莫尼差点把她正在喝的饮料喷出来。“哦，没什么，只是一个老旧的储藏室，我们把小玩意儿存放在里面。”

“什么小玩意儿？”迪伦问道。

“plange，”哈莫尼解释道。

“你是在引用《IT 狂人》吗？”迪伦笑着回忆起这部 21 世纪 00 年代的英国广播公司电视喜剧的台词。布伦特并没有理解这个引用[1]。

“也许吧，”哈莫尼带着一丝微笑说道，“哦，看，克里斯和彼得加入了会议。”他们的 Zoom 视频窗口弹了出来，3 人转向屏幕开始交流。

“我之前做过桌面演练(Tabletop Exercise)，感觉桌面演练是个好主意，但

---

1 (译者注：在这里，“plange”是一个虚构的幽默术语，参考了电视喜剧《IT 狂人》。在这个节目中，有一种虚构的技术叫作“plange”的笑话，这个技术从未被完全解释过。所以，当迪伦在哈莫尼描述 snibbet(小玩意儿)时提到“plange”这个词时，他是在开玩笑地引用《IT 狂人》中的台词，并将其与类似模糊和未解释的概念联系起来。)

这真的是一个零信任计划吗？”布伦特头也不抬地问这群人。

“监控和维护阶段的其中一部分意味着我们需要定期评估我们的控制是否足够好，或者是否存在盲点，”迪伦回答道，“桌面演练是实现这一点的好方法。”

“这不就是在工作中玩《龙与地下城》的一种巧妙方式吗？”哈莫尼问道。

布伦特停下了他正在写的邮件，合上了笔记本电脑。“没错。仅仅讨论场景可能会很有意思，但这真的会改变什么吗？”布伦特问道。

“桌面演练有几种不同类型，”克里斯解释道，“最基本的内容和《龙与地下城》的战役非常相似。你需要一个像地下城主一样的主持者。主持者将制定一个关于场景如何演变的指南。”

“你听起来像是一个有经验的地牢主。”哈莫尼评论道。

“但我们并不只是在进行普通的游戏。我的意思是桌面演练，”克里斯说，“我们正在计划的更像是一场实战训练演习。有些人可能会称之为紫队演练。”

“什么是紫队？”布伦特问道。

“在网络安全领域，红队是试图入侵系统的团队。蓝队则是扮演防御角色的团队。有时我们会做模拟真实事件的训练，而红队和蓝队之间是不能进行沟通的。紫队则是一种更具合作性的协作方，双方会共同合作进行模拟。”

“那么，这意味着渗透测试人员和SOC将与我们进行沟通，并会像在现实生活中一样进行响应吗？”布伦特问道。

“是的，他们将进行实时监控。由于他们无法区分彼得(渗透测试人员)在做什么和真实情况，他们可能会对一两个真实告警做出响应。但我们也会事先脚本化渗透测试人员的大部分工作，以创建最真实的情景。他会提前做一些扫描，以确保有真正的发现。”

“由于零信任的工作已经做得很充分，这个桌面演练场景会很简单吗？我们实际上找不到任何问题，对吗？”布伦特问道。

“相信我，总会有更多可以消除的信任。”克里斯笑了一下，但接着他变得严肃起来。“我不能确定，但我的印象是有些人认为渗透测试是一种自我保护的行为(CYA)。他们希望测试能够表明他们没有任何问题，或者展示安全团队的实力。我创办自己公司的原因之一就是我觉得做渗透测试，除非我们找到一些能帮助我们变得更好的东西，否则我们就无法充分发挥渗透测试的价值。我们的目标是永远变得更好。”

“每一步都很重要，”迪伦说道。

“每一步都很重要，”克里斯表示同意。

“那么我们要如何编写这个地下城主指南呢？”哈莫尼问道。

克里斯笑了起来。“在桌面演练中，我们称之为MSEL，即主场景事件清单(Master Scenario Events List)。MSEL 来自 NIST(国家标准与技术研究院)关于开发和运行桌面演练的标准。如果你想查阅细节，可以参考 NIST 800-84。但首先，我们需要开始定义目标。这些目标可能会根据受众的不同而有所变化，但就我们而言，我认为应该选择技术和程序目标的混合。”

“在上次事件中，我从维克和努尔那里听到的最重要的事情之一是，我们不能再发生会使我们停工的安全事件，”迪伦说，“如果我们再次损失那么多收入，可能意味着我们要破产了。”

“这是桌面演练的完美目标，”克里斯说，“当然，渗透测试人员会在他们做任何可能影响运营的操作之前停止。我会将这个目标写入 MSEL 中，如‘团队能否在事件期间保持组织的运营？’”

“当然，”彼得说。

“我担心的一件事是误报，”哈莫尼说，“我们总是从 SOC 那里收到看起来非常吓人的通知。有时不得不放下手头的事情去调查，结果发现是一个我们不知道的服务器与一个谁都不知道的新服务在通信。而且这两者都是合法的。”

“这绝对是我们在桌面演练中喜欢测试的内容，”克里斯说，“我们总是希望在场景中添加一些误导，以模拟真实事件中可能发生的混乱。我们会在场景中添加一些误导，但在MSEL 中，我们会询问团队是否能区分真实问题和误报。”

“我一直在与不同部门的业务合作伙伴进行合作，我有点担心他们对我们的流程了解得不够深入，”布伦特说，“我们该如何测试这一点呢？”

“这在评估过程中肯定会显现出来，”克里斯说道，“我们不只是想让 IT 人员回答问题。我们将会询问不同部门的负责人在不同情况下会采取什么措施。这里的目标是要找出具体的差距，不仅包括技术控制方面，还包括事件响应程序、资源或培训。如果这是一次真实的事件，这些方面可能会对组织产生影响。”

“天哪，”哈莫尼说，“这真的要发生了！”

几天后，迪伦穿着一套全新的黑色西装，感觉有点像詹姆斯·邦德。他看了一眼手表。零信任计划团队的所有人再次聚集在楼梯底下，只有布伦特不在。他给团队发了一条消息，让大家早点在简报中心集合，然后一起进去。罗斯穿着一件复古的黑白连衣裙，戴着一副新眼镜。哈莫尼摒弃了她通常的连帽衫，换上了一条黑色长裤，一件白衬衫和白色西装外套。伊莎贝尔穿着一套黑色西装，配上一件洁白的衬衫，西装外套搭在肩上。甚至尼格尔也换上了一件白衬衫，取代了他通常穿的红色阿森纳足球俱乐部球衣。

努尔从迪伦身后走了过来。“你们统一着装了？”她问道。

“我们希望能和你的着装更协调一些，”罗斯说道。努尔穿着她传统的黑色西装，白衬衫，和她标志性的黑色领带。

“好吧，现在我猜我们可以像《无间道》里的那个场景一样一起走进去了，”努尔说道。没有等待看到他们震惊的表情，努尔开始走上楼梯。罗斯、哈莫尼、尼格尔和伊莎贝尔站在努尔的身旁。迪伦不想迟到，所以他跟着大家走上了楼梯，最后一次回头看看布伦特是否来了。

布伦特已经在简报中心了，也穿着一套黑色西装。他正在为到场的与会者制作卡布奇诺咖啡。“你们刚才在哪里？”布伦特问道。“我以为我们早就在这里集合了”。

“我们在楼下等你呢！”哈莫尼笑着说道。

大多数与会者已经到达了会场。行政简报中心的桌子被布置成一个“U”形，克里斯站在“U”形的开口处。每个桌子上都有一个标有“态势手册”字样的文件夹和一杯水。维克正俯身与科菲和金讨论着什么。鲍里斯正在大声笑，似乎是因为斯迈克特工刚说了什么。彼得和路易斯都是远程参与，他们的面孔显示在视频墙上，还有几名远程观看的IT人员，这样会议室里的人数就不会太多。

克里斯清了清嗓子，开始了会议。“早上好！可能还有些人不认识我，我是克里斯·格雷。我是你们其中一个安全服务合作伙伴的创始人，也将是本次桌面演练的主持人。在过去几个月中，我们与迪伦和零信任计划团队合作精心构建了这个场景。考虑到过去6个月里MarchFit经历了很多事情，为桌面演练设计一个新的场景确实有些挑战。摆在你们面前的是态势手册，是这次桌面演练的背景介绍，并为即将发生的事件做好准备。但首先，我想请大家为零信任计划团队在这次桌面演练中所做的所有工作鼓掌，并为提升 MarchFit 的安全能力所付出的努力鼓掌。”

房间里的每个人都开始鼓掌。维克站了起来，房间里的其他人也跟着站了起来。布伦特俯身拍了拍迪伦的背。

克里斯继续说道：“对于这次桌面演练，我们将按照场景时间进行。我们会比现实生活的节奏快一点，这样就可以专注于事件的特定阶段。响应可能需要数天或数周时间，因此请记住这一点。路易斯在线上，他是我们 SOC 的成员。跟大家打个招呼，路易斯。”

“大家好，我是路易斯，”路易斯说。听到这句话，大家都笑了起来。

“彼得•刘是 MarchFit 的渗透测试工程师，他将扮演一个网络犯罪分子的角色。彼得将执行我们事先约定好的一些脚本测试。如果路易斯能够检测到彼得的活动，他会加入演练并告知我们。在我们开始之前大家还有什么问题吗？”克里斯停顿了一下，环顾了一下房间。“没人提出问题。现在是上午 8 点 35 分，”克里斯开始说道。“客户支持热线的经理给努尔发送了一封电子邮件，称有几个客户报告说他们的 TreadMarch 设备似乎出了问题，设备可以启动，但只显示蓝屏，并且无法连接到网络。你们打算怎么办？”

房间里的每个人都转向了努尔。“现在慌乱可能还为时过早，”她说道，引起了房间里的大笑。“我会向经理询问更多关于设备的信息。是否存在一些共同点，比如位置、固件或设备的年限？我还想看看我们的变更控制记录，看看我们是否最近进行过任何更改。”

“我们是否可以派人去实地查看其中一台跑步机？”维克问道。

“是的，我们可以派遣一名当地的第三方技术人员。他们可能已经在处理其他支持工单，所以我们需要让他们暂停手头的工作并重新安排。”

“派遣一名技术人员需要多长时间？”克里斯问道。

“最好的情况可能需要 30 分钟，”努尔回答道，“如果遇到交通拥堵，可能需要 45 分钟。”

“明白了，”克里斯说道，“技术人员将在 9 点 30 分提供一份报告。你还需要什么其他信息？”他在 MSEL 指南中输入了几个注释，以便在演练后汇报。

“鲍里斯，你以前见过这种错误吗？”迪伦问道。

鲍里斯坐在U形桌的最边上，离克里斯最近。“没有，”鲍里斯回答道，转身对着大家说。“据我所知，我们没有显示蓝屏的错误页面。”

“我们不是有一个监控中心，可以看到所有跑步机的状态吗？”维克问。

“我们没有实时视图，”鲍里斯挠着头说。“我们每天运行有关活动和使用情况的报告，但从未建立过一个可以实时查看的仪表板。我们可能需要大约一周的时间来准备一些东西。”

“现在是8点45分，”路易斯打断道。“嗨，哈莫尼。我是来自SOC的路易斯，我们的一名团队成员检测到多个用户账号存在可疑活动。”

“可疑是什么意思？”哈莫尼问道。

“我们基于行为的检测表明这些活动对于这些用户来说是异常的，”路易斯对着镜头解释道，他的脸被计算机显示器照亮了。“我们可以向你提供这些用户的ID号码，但目前我没有更多的信息。”

“好的，我会开始查看这些用户的活动。”哈莫尼说道。

努尔正要开口，但克里斯打断了她。“此时此刻，我应该指出，努尔和客户支持已经意识到跑步机的问题，但团队还没有在组织内部发送任何关于该问题的进一步通知。所以，哈莫尼，你还不知道跑步机出现了问题。”

“我们什么时候发送出现问题的通知呢？”维克问道，环视了一下房间。

“我们几乎总是在解决问题，”努尔说着，整理了一下领带，使其变得整齐。“挑战在于知道何时出现了系统性问题。对于单个设备而言，那是低级别事件，我们的IT服务台会解决。我们的事件响应计划规定，如果达到了设备数量的1%阈值，就会将问题提升为中等级别事件，并通过组建事件响应团队来做出响应。如果超过设备数量的10%，那就是一个高优先级事件。实际上，所有事件都以低级别通知的形式开始，随着我们的调查，事件的优先级会不断提高。”

“现在是上午9点，”克里斯说，低头看着他的计算机寻找下一个注入提示。“努尔从呼叫中心收到了另一份报告。不是什么紧急情况，但他们告诉她工作日的呼叫量似乎高于正常水平，并询问是否可以增加人员来满足需求。”

“呼叫量高了多少？”金身体前倾地问道。

“大约高出15%，”克里斯回答道。

“这是否意味着这是一个高级别事件？”维克问。

“这是感恩节前的星期二，”努尔说，“可能有很多人没上班，所以会在白天打电话寻求支持。但实际上，当发生这种情况时，我通常会提前向 IT 领导团队发送电子邮件，提醒他们以防万一。”

“现在是场景时间 9 点 30 分，”克里斯说，“技术人员被派去检查其中一台出现故障的跑步机，现在它已恢复正常。他不得不重新安装固件，但设备已恢复上线。他确实注意到，一名维修人员报告说，用来安全访问跑步机的安全加密狗几天前丢失了。”

“为什么我们现在才知道这件事？”金靠在椅子上交叉双臂问道。

“技术人员表示，维修人员认为只是放错了地方，他们在休息日期间一直在到处找它。所以这也是为什么技术人员第一天知道这件事。”

“可以用安全加密狗做什么？”金问道。

“可以完全访问跑步机，”鲍里斯回答道，“但每次只能在一台跑步机上使用。”

“有没有办法复制加密狗？或者让它以虚拟方式工作，以便他们可以操纵多台跑步机？”金问道。

“这是可能的，我们必须对此进行调查。”鲍里斯回答道。

“现在是 10 点 07 分，”克里斯说，“在查看日志后，哈莫尼给其中一位她碰巧认识的用户打了电话。事实证明，此人目前正在休假，无法使用计算机。”

“我认为现在绝对可以将其升级为中等级别事件。”努尔一边说，一边整理着她成堆的文件。

克里斯清了清嗓子。“现在是 10 点 15 分。艾普莉尔，你的公关部门报告称，有几条推文抱怨 MarchFit 的一家海外工厂的工作条件。在这些推文被多次转发后，人们开始评论说他们计划今天晚些时候在 MarchFit 总部外举行抗议活动。”

“预计会有多少抗议者？”金问道。

“目前还不知道。”克里斯说。

“我会打电话给我们的安全外包商，”金说，假装拿起手机打电话。“我们可能想增派一些额外的人员，以防抗议人数众多。”

“现在是 10 点 29 分，”克里斯说，“我很遗憾地告诉大家，努尔接到了她孩子学校的电话。她的孩子生病了，由于她的配偶不在城里，她需要离开去带生病的孩子看医生。努尔将不再出现在该场景中。”

“我曾预料到会发生这样的事情，”努尔笑着说，“如果我不在的时候你们有什么需要，迪伦应该可以帮助你们。”她很庄重地起身走向门口，然后在房间后方的一把椅子上坐下。

“现在是 11 点 01 分，”克里斯说。

“唉，不要再出这种事了，”鲍里斯抱怨道。

“在查看日志后，哈莫尼发现一些有可疑活动的用户成功进行了多因素身份验证。事实证明，原来是用户们的孩子们拿着他们的手机，并点击了接受多因素请求。”

“布伦特，我们能否启动用户受到攻击的响应流程并锁定这些账号？”迪伦说。

“没问题，老板，”布伦特点点头说。

“嗨，哈莫尼，我是路易斯。现在是 11 点 12 分，我们检测到一些来自跑步机固件更新服务器的端口扫描活动。我们相信这是在 10 点 30 分左右开始的。”

“我们是否可以认为更新服务器可能被用来攻击有问题的跑步机？”金在努尔和鲍里斯之间转换着目光问道。

“这是有可能的。”鲍里斯承认道。

“我们怎么知道？”金问道。

“我们没有像我们讨论过的那样的仪表盘或其他东西。我们必须手动运行报告以查看最后一次固件更改的时间。”

“我们应该关闭服务器吗，老板？”哈莫尼问道。

“让我们先给它断网吧，”迪伦点点头说，“但我们让它继续运行，这样我们就可以保留攻击者可能留下的任何证据。”

“现在是 11 点 45 分，抗议者似乎已经开始到达并聚集在大楼前门附近，”克里斯一边说，一边翻着笔记本，然后在计算机上向下滚动页面。

“有多少抗议者？”金问道。

“目前聚集了大约 25 人，但他们已经开始妨碍去吃午饭的员工了。”克里斯说。

“我们应该报警吗？”维克问，“他们不需要许可证之类的吗？”

“我们可以报警，但我认为如果警察开始逮捕抗议者，那就不太好了。”艾普莉尔身体前倾着说。

“我们得到了最新消息，”克里斯说，“媒体现在已经到场，在建筑外面设置卫星卡车以报道抗议活动。”

“艾普莉尔，让我们为媒体准备一份声明。”维克说着，站起来拿了一壶水，他又给自己倒了一杯水。“我们可以邀请他们进来，告诉他们我们会认真对待这些指控，我们将调查并解决发现的任何问题。”

“好的，我这就去准备。”艾普莉尔说。

“我会派一些额外的安保人员在大门外指挥交通，以防止抗议者阻塞交通。”金说道。

“现在是12点15分，”克里斯说，“在查看流量日志时，网络团队看到从更新服务器成功连接到另一台服务器——网络漏洞扫描服务器。”

“哦，坏了，”哈莫尼说。

“让我们尽快将服务器从网络上断开，”迪伦说，“我认为我们遇到了很严重的安全事件。我们应该向所有IT人员发送通知以保持警惕。他们应该查看日志并注销他们可以识别的任何远程用户。我们应该引入我们的事件响应合作伙伴。”

“我会联系他们，让他们尽快了解情况。”罗斯说。

“我们需要一份漏洞扫描服务器在过去24小时内产生的任何网络流量的清单。”

“我这就去办。”哈莫尼说。

“现在是12点45分，”克里斯说，“在收到高度戒备的通知后，几名IT人员报告说，他们注意到一架无人机在大楼外飞来飞去。现在它已经在大楼二层西北角外盘旋了几分钟。”

“现在是下午1点，”克里斯继续说道，“在维克向媒体作了简报后，大约25人的人群开始散去。随着人群的离开，无人机也在离开大楼，但无法看到他们离开时是哪个人收回了无人机。”

“我不明白，”维克交叉着双臂说。“无人机能做什么？拍摄大楼里的东西吗？”

“可能有人在白板上写过东西。无人机本可以看到密码或产品规格。”罗斯耸耸肩。当人们猜测无人机拍摄建筑物时可能获得哪些数据时，小组进行了几次简单的讨论。

“现在是1点05分，”克里斯说，环顾房间以引起所有人的注意。人群安静下来，重新将注意力集中在他身上。哈莫尼报告说，“扫描服务器在过去三小时内能够连接到组织中几乎所有的服务器和客户端。它向一个客户端下载了某个特定的恶意软件。”

“让我们把那个客户端从网络上断开，哈莫尼。”迪伦说。

“已经开始处理了。”哈莫尼一边说着一边敲击笔记本电脑上的键盘，假装自己在进行更改。

“经过调查，”克里斯说，“哈莫尼确定了具体是哪台计算机。它位于大楼二层的西北角。”

迪伦率先开口：“让我们将那台计算机交给我们的事件响应公司，看看他们是否能识别出那个‘独特’的恶意软件到底是什么，以及它是如何绕过我们的EDR工具的。”

“现在是第二天了，”克里斯说，“你们的事件响应公司报告说，那个恶意软件是一种数据渗出工具。它使用计算机上的LED灯进行快速闪烁。他们只见过这种工具被复杂的国家级攻击者使用。他们报告说，数据有可能已经传输到了那架无人机。”听到这个宣布，大家都吃了一惊。坐在桌旁的几位部门负责人似乎对此表示怀疑。

“我们怎么知道哪些数据可能被盗了？”金问道。

科菲第一次开口。“我们肯定需要知道哪些数据被盗，才能决定下一步该怎么做。我们可能需要通知受害者或向美国证券交易委员会提交报告，具体取决于答案是什么。我们该如何判断？”

“我们的事件响应公司会制作一份客户端驱动器的取证安全副本，并可以查看内存中存储的数据，”迪伦说。

“我们可以扫描设备，但这可能需要几天时间。”

“我们需要通知我们的网络安全保险公司，让他们知道我们发生了网络安全事件。”金说。

“不，”科菲打断道，“我们还没有足够的证据表明存在数据泄露。除非有数据泄露，否则我们不需要通知。数据泄露的法律定义是数据丢失。我们还不需要通知任何人。”

“我们知道发生了一起安全事件，”迪伦说。

“我们不知道有没有数据被盗，”科菲反驳道。这是事实，但这仍然困扰着迪伦。

“我们将检查无人机视野中的计算机，”迪伦说，“如果有任何数据被泄露，它就必须通过那台计算机。如果那上面有任何数据，我认为我们必须假设它已经被入侵。其他系统也是一样。我们必须假设这些设备上的账号也被入侵了。”

“我们要等多久？”金问道，“如果分析需要一个月怎么办？或者更久？”

“那将是一场噩梦，”艾普莉尔说。

“每一步都很重要，”一个声音从房间后方传来。那是奥莉维亚。不知何故，她趁迪伦不注意的时候走了进来。她现在站了起来。“科菲，我们的响应需要考虑到这一点。我们为客户负责，因为这很重要。”他坐回椅子上，点了点头。科菲可能不喜欢，但奥莉维亚仍然拥有公司的大量股权。

“如果我们发生了安全事件，而我们没有通知我们的网络安全保险服务商，”金平静地解释道，“那么这可能足以成为他们拒绝对我们的网络安全保险提出索赔的理由。特别是如果看起来我们没有建立足够的控制措施。”

小组继续讨论了几小时的事件响应流程，直到他们完成了这个情景的最后阶段。维克是第一个开口说话的。“谢谢克里斯、迪伦、努尔和零信任计划团队。这确实是一次大开眼界的经历，我认为我们今天都学到了很多东西。现在我完全相信，你们会确保这种情景不会在现实生活中再次发生。”尼格尔听到后发出一声欢呼，人群随即爆发出热烈的掌声。会议开始散场，与会者纷纷离开时，哈莫尼和罗斯击掌庆祝。

迪伦站起来宣布：“受邀参加总结会的朋友们，请在 5 分钟后重新集合。对于参加庆功派对的朋友们，请等我们到了再开始！”

斯迈克特工走到迪伦面前，紧握他的手，说道：“我只想说，那是一场真正的战斗。”迪伦凝视着这位联邦调查局特工，看着他悄然离开房间，走下楼梯。

科菲拍了拍迪伦的背，握住他的手说，“迪伦，我们月度扑克锦标赛还有一个名额，你有兴趣参加吗？”

“嗯，有兴趣。我玩过一两次。”

“好的。我们玩德州扑克。”

迪伦和科菲走到门口。当他回来时，金正端着一杯咖啡走进来。努尔脱掉了外套，正在和罗斯、鲍里斯小声讨论着什么。克里斯正坐在办公桌旁翻看他的手机。彼得的视频窗口仍然开着，目光离开屏幕，好像在看第二个显示器。

“为什么我们称这个为 hotwash 呢？”鲍里斯问道。

“这个叫法来源于军队，”金说，“当我在军队服役时，我们有时会用非常热的水冲洗我们的武器，以去除砂砾和较大的颗粒物。这样后面清洁起来就更容易了。很多军人最终会从事应急管理和安全方面的工作，所以这个术语就被沿用了下来。这只是一个总结会议，但我们希望在记忆还新鲜的时候留住所有重要的经验教训。”

“今天稍微加班，谢谢大家，”迪伦说，“我们的目标是记录任何行动项并确定问题的优先级。我们应该跟踪并报告我们发现的问题。我们仍然需要向业务部门报告价值。”

“我们还应该总结一下做得好的方面，这样就能够复制我们的成功。”努尔补充道。

“从现在开始，每次听到有人宣布时间，我都会有创伤后应激障碍(PTSD)了。”鲍里斯说道。

“你们都做得非常好，”彼得说，“你们可能没有意识到在网络中横向移动的挑战有多大，因为你们只看到了我成功进入系统的时候。但当我说在网络内部横向移动是一个真正的挑战时，并不是在开玩笑。”

“你让它看起来很容易。”鲍里斯说。

“请记住，这次演练经过了数月的筹备，”克里斯说，“彼得有充分的权限来寻找漏洞，并且从勒索软件事件中了解了你们的环境。此外，SOC 能够在事件发生后很快检测到他的许多活动。”

“哪些事情我们本来可以做得更好？”努尔问道。

“我建议你们考虑使用内存安全的物联网编程语言，例如 Rust。”彼得说，“物联网设备通常性能有限，因此它们很容易发生缓冲区溢出等问题。根据我与其他渗透测试人员的交流，这对他们的其他客户产生了巨大影响。它几乎消除了我们利用物联网设备的所有最常见方式。”

“很好的建议，”鲍里斯说，“我们已经用Rust编写了新的360Tread，但我们肯定会优先将TreadMarch平台迁移到Rust上。”

“我还注意到许多物联网设备彼此之间都是开放的。我没有时间去深入研究，但我看到有些打印机是可以访问的。”彼得说。

“那有什么大不了的吗？”金边喝着咖啡边问道。

“有些打印机内置了硬盘，存储了由这些设备打印或扫描的所有文件。”彼得解释道，“这些应该进行安全限制。虽然这超出了本次合作的范围，但你们还应该检查设备回收程序，确保在设备离开你们的控制之前对其进行数据擦除。”

“零信任计算机回收，我喜欢这个称呼。”迪伦说。

“我还注意到，在我控制了更新服务器之后，有几台服务器我可以强迫它们将安全性降级为易受攻击的协议。”彼得说，“这在组织担心向后兼容性的情况下很常见，但我建议不允许降级。”

“我们该怎么做？”金问道。

“我建议禁用对SSL 3.0的支持，”彼得说，“此外，不要允许TLS 1.2之前的任何版本。”

“听起来很简单。”金说。

“几年前我们有一个去除TLS 1.1的项目，但它一直以来都会再次成为问题，”努尔说，“我们会解决这个问题的，这似乎是一个相当重要的优先事项。”

“我还注意到我能够连接到的一些服务器上存在一些易受攻击的库，”彼得说，“出于时间考虑，我决定不朝这个方向攻击，因为漏洞扫描服务器是一个更为可靠的路径。你们绝对应该能够快速识别环境中的开源软件依赖。”

“漏洞扫描服务器自身怎么办？”迪伦问道。

“对于扫描器来说，隔离并不是一个很好的选择，因为它们需要能够与所有设备进行通信。”彼得说，“当你进行带凭证的扫描时，不需要打开所有这些端口，所以你可以将它们限制起来。但如果你进行无凭证扫描，请仅在运行扫描时保持这些防火墙规则处于开放状态，并在扫描结束后将其移除。或者将这些规则设置为仅适用于每周内的特定时间段。”

“什么是带凭证扫描？”金问道。

“有两种扫描方式，”克里斯解释道，“你可以从外部扫描打开的端口，就像寻找一所房子的敞开的窗户或门一样。这有助于模拟攻击者会看到什么，但可能会产生很多误报。带凭证扫描意味着我们有房子的钥匙，可以进去确保房子锁得很好。”

“维克一开始提出的构建跑步机仪表板的要求如何？”迪伦问道。

“我认为这是一个有意思的想法，”鲍里斯说道，“我们会将其添加到我们的产品路线图中。但在优先级方面，它比我们讨论过的一些代码改进的重要性要低。”

“最后那个无人机的事情是真的吗？”金问道。

“是的。这些年来，我们见过一些巧妙的数据窃取技术，”彼得说道，“仅仅控制计算机上的 LED 灯闪烁就足以用于以大约每秒 4KB 的速度下载数据。无人机需要距离 LED 灯不超过 100 英尺。”

“所以我们需要安装窗帘？”迪伦问道。

彼得笑了起来。“我们加入无人机这个环节，是为了让你思考所有数据可能泄露的替代方式。我曾经见过一个演示，一个研究人员通过放大主板和内存之间的数据传输，将计算机的内存总线作为天线使用。在超过 100 英尺的距离上，这种方法的有效传输速率大约为每秒 1KB。但是攻击者总是可以在建筑物内部放置一个一次性手机来窃取数据。”

迪伦和罗斯走下楼梯，来到地下室。他们走在写着“凡踏入此处者，放弃所有信任”的横幅下。哈莫尼、罗斯、伊莎贝尔、努尔和奥莉维亚都围坐在投影仪前的桌子旁。奥莉维亚和哈莫尼一起坐在绿色沙发上。布伦特在角落里用一个真正的爆米花机制作爆米花。尼格尔把爆米花装袋并开始分发。

哈莫尼在中央投影屏幕周围额外放置了几个大显示器。它们都暂停在来自不同网络的不同新闻视频上，都在报道 3nc0r3 被捕的消息。

当迪伦和努尔进来的时候，哈莫尼按下播放键，所有的视频同时开始播放，但只有主投影屏幕上的视频开了声音。

一个穿着西装的男人出现在屏幕上，他拿着话筒站在前一天罗斯去过的咖啡馆外面。他将手指放在耳机上，点点头，然后开始说话。“这是布莱恩•范塔纳从当局逮捕 29 岁的理查德•格雷森带来的现场直播报道，他们相信他就是网络犯罪分子 Encore。”

新闻画面从记者的现场直播切换成一些录制的镜头，同时记者继续讲述。画面中显示一个头蒙夹克的男子被带进警车的后座。“FBI 为这位自称黑客的人设下了陷阱，并成功追踪到在行动中支付的款项流向格雷森的比特币钱包。格雷森在至少 3 个国家面临网络犯罪重罪指控。”

画面切换到 MarchFit 总部大楼的外部，聚焦在建筑物的标志上，记者继续报道。“MarchFit 证实理查德•格雷森几年前曾申请加入该公司，但未被录用。对此该公司拒绝进一步置评。”

视频切换回记者在咖啡馆外的景象，斯迈克特工站在临时搭建的讲台后面，讲台上放着几个麦克风。罗斯站在屏幕的边缘，双臂交叉，仍然看着格雷森被关在警车里的地方。斯迈克说：“FBI 要感谢所有参与这次逮捕行动的机构。”“但最重要的是，我们要感谢 MarchFit 的合作。我们依靠来自社区提供的信息来帮助阻止网络犯罪分子，无论他们身在何处。”

视频再次切换到警车外部的画面，警车正从咖啡馆驶离，格雷森就在里面。遮住他脸的夹克滑落了下来，露出一个蓬松卷发的瘦小男子。警车的窗户摇下来，当他被带走时，可以听到格雷森说：“我简直不敢相信我曾经信任她。”他用标准的英语说出了这句话。

“等等，”哈莫尼说，“当他闯入我们的 Zoom 会议时，他假装有欧洲口音是为了迷惑我们？”

新闻记者重新出现在屏幕上，疑惑地说：“那个神秘女人是谁？也许我们永远无法知道。”

零信任计划团队知道。他们欢呼着：“罗斯！罗斯！罗斯！”

关键要点

与网络安全中的大多数事物一样，如何成功进行桌面演练的模型可以在 NIST 标准中找到。对于桌面演练，NIST 的特别出版物是 800-84。该标准定义了构建演练时的一些关键注意事项。首先，你需要在开始构建场景之前定义演练的目标。你还需要考虑演练的受众，以确保合适的人来实现你的目标。主场景事件列表(MSEL)将是主持者用来使演练顺利进行的指南。示例 MSEL 包含在附录 C 中。

演练对于任何良好的安全计划都至关重要。就像每一栋商业建筑都需要进行消防演习一样，企业应定期以模拟方式测试其事件响应计划。这有助于让每个可能参与实际事件的团队成员了解他们在团队中的角色，并为他们提供安全的练习方式。进行演练还可以通过评估该计划在不同情况下是否有效以及员工是否能够遵循该计划来帮助改进事件响应计划。

可以有许多不同的方法进行桌面演练。在最基本的形式中，来自整个组织的团队成员可以在房间里讨论组织对攻击场景的响应。通常，主持者会带领团队了解事件的时间表，然后小组将讨论他们对各种举措的集体反应。在这种情况下，MarchFit 决定执行一种更复杂的桌面演练，称为实战演练。实战演练将涉及渗透测试人员与主持者协调执行他们自己的活动。

通常情况下，桌面演练将邀请来自企业各个部门的领导人和专业技术人员参与。这可以帮助组织领导者了解组织面临的一些挑战，并促进不同部门之间的联系。活动期间的沟通至关重要，因此在这些练习中建立信任关系非常有帮助。一些技术性更强的演练可以只包括 IT 人员。技术性的演练可以帮助打破 IT 团队内部的障碍，帮助每个人了解在事件响应期间发生的整体情况，以及人们需要扮演的不同角色和适当的程序。

桌面演练是零信任设计方法监控和维护阶段的重要组成部分。演练有助于提高 IT 团队在真实事件中的效率。有时团队会发现他们没有收到正确的日志，或者技术环境发生了变化。演练也可以帮助测试你的控制，并且可以帮助确定 SOC 没有获得所需的数据以能够有效应对。IT 团队的效率越高，攻击行为得到遏制的速度就越快，恢复所需的时间也就越短。

尽管 MarchFit 在进行桌面演练时几乎已经完成了零信任之旅的初始阶段，但威胁行为者仍然可以通过多种方式访问他们的系统。渗透测试人员用来进入 MarchFit 网络的第一种方法是利用该公司与自己的跑步机之间的信任关系。跑步机是物联网(IoT)设备的一个例子，网络犯罪分子通常会破坏这些类型的设备，因为它们没有其他设备可能拥有的所有保护。一旦渗透测试人员控制了跑步机，他们就可以访问 MarchFit 网络中的内部更新服务器，并能够从那里进行内网横向移动。

渗透测试人员选择利用的另一个信任关系是安全团队的工具。许多组织使用漏洞扫描器来识别易受攻击的设备。这些设备将运行两种类型的扫描。一种是对每个目标的端口扫描，用于探测设备上可能安装的应用程序，识别正在运行的操作系统，并确定它们是否存在任何已知漏洞。另一种类型的扫描是带凭证扫描，它使用真实的用户名和密码登录设备以直接检查正在运行的软件。带凭证扫描会产生更准确的结果，许多组织会在防火墙上开放端口，使扫描器与网络中的所有设备进行通信，无论运行哪种扫描。实际上，这意味着漏洞扫描服务器是高度可信的，这使其成为一个有吸引力的攻击目标。

在桌面演练中，还有一些事件与渗透测试人员正在执行的攻击没有任何关系。我们将这些故意注入的误导性事件称为“红鲱鱼”场景。“红鲱鱼”一词来源于一个故事，一个男人用一些气味浓烈的鱼来分散追逐兔子的狗的注意力。我们经常发现自己在事件中收到相互矛盾的信息。专家称这种现象为“战争迷雾”。我们的大脑自然会开始将碎片信息联系起来以得出结论，但通常我们没有创建清晰画面所需的所有信息。消除战争迷雾的最佳方式是沟通、提问、保持透明，但最重要的是，当你收到新信息时，不要固执于你自己的结论。

这次演练加强了业务领导者对团队的信任。通过实践，我们可以更好地理解我们的角色应该是什么，以及我们如何才能更好地提供帮助。在勒索软件事件发生后进行演练，让团队有机会展示他们的准备程度。这也可以帮助领导们成为安全计划更好的倡导者，因为他们将亲眼目睹如何响应事件。而且因为这些演练是在安全的环境中进行的，所以人们犯错是可以接受的。我们希望能够在没有后果的受控环境中从这些错误中汲取教训，而不是在真实事件中犯错。

但不要只为高管或 IT 团队进行桌面演练。组织中的许多其他部门可以从演练勒索软件、企业电子邮件泄露或网络钓鱼等常见事件可能发生的情况中受益。当这些交流沟通与零信任实施相结合时，它们可能会带来潜在的改进，因为我们可以寻找潜在的机会来消除对数字系统的信任。

第11章 每一步都很重要

记者将耳机重新塞进耳朵里。展厅里上万人的喧嚣声几乎震耳欲聋，但她能清晰地听到制片人在耳机中的声音。她背后是一家科技公司的展台，上面醒目地展示着MarchFit的标志。她整理了一下黑发，把麦克风举到身前。摄影师从3开始倒数，她开始开场，“大家好，我是莫妮卡·斯图尔特，在世界上最大的科技盛会——大型消费电子展上向您现场报道。而今年最引人瞩目的焦点呢？当然是MarchFit。我现在和MarchFit的创始人奥莉维亚·雷诺兹在一起。奥莉维亚，我想没人能预料到你给我们带来了什么。”

镜头转动，现在莫妮卡和奥莉维亚都出现在镜头里了。奥莉维亚已经握着自己的麦克风。“我很高兴能来到这里，”奥莉维亚说，“过去6个月是我生命中最艰难的时期。但看到人们对我们的新游戏跑步机如此感兴趣，我觉得这一切都是值得的。”

“全世界都想知道：你是游戏玩家吗？”莫妮卡问道。

奥莉维亚笑了。“我不得不承认，几个月来我一直在办公室的新跑步机上玩《埃尔登之环》。在跑步机上跑来跑去打怪升级一小时是我最喜欢的新锻炼方式。”

“请向我们展示一下跑步机的工作原理，”莫妮卡说，镜头再次转向MarchFit的展台。16台跑步机呈正方形排列，每台上面都坐着一名戴着VR头显的游戏玩家。一个长长的队伍延伸到展厅的一半，人们在排队等待轮到他们玩游戏。每台跑步机都有一根杆子，从底座的侧面延伸到大约7英尺高的空中。玩家们穿着从杆子上悬挂下来的安全带，以防止他们摔倒。玩家们在跑步机上奔跑、跳跃或左右闪避，同时挥舞着他们的手臂。离镜头最近的跑步机形状发生了轻微的变化，玩家看起来像是在跑上山坡。

“跑步机可以实现全方位 360° 的运动，并与玩家在游戏中的动作完全融合。”奥莉维亚解释道。“正如你们所看到的，通过跑步机内部的臂部，它们可以模拟不同类型的地形。”奥莉维亚身后播放着一个视频，展示了跑步机的剖面，以显示跑步机内的每个臂部如何可以独立地移动。“我们已经与所有不同的虚拟现实平台进行了整合，但对于那些喜欢更传统体验的人来说，我们还通过我们的四曲面游戏显示器与个人电脑进行了整合。”她指着一台被显示器包围的跑步机说，一位欧洲职业玩家正在玩 FIFA。

“好了，看起来有很多人想要和你交流，我就不打扰你了。”莫妮卡说着，指着聚集在他们周围等待与奥莉维亚交流的动视、微软、任天堂、EA 和索尼的高管们。奥莉维亚的助手引领她回到展台二楼的一个会议区，而高管们则紧随其后，希望能轮到他们发言。莫妮卡向摄影师做了个手势，他们开始拆卸设备，准备前往下一个采访地点。

几小时后，奥莉维亚走出会议室，走到展位的阳台上，迪伦正在那里喝咖啡。“嗨，很高兴再次见到你。我仍然感到抱歉你被迫辞去 CEO 职务。真希望我能做点什么。”

“你在开玩笑吧？”奥莉维亚说，“这是最好的事情了。我首先是一名工程师和发明家。将角色交给能够专注于经营公司的人是正确的选择。现在我可以花时间做我喜欢的事情，那就是发明新东西。”

“这真的很酷!”迪伦承认道，他记得她办公室里的所有工具。“我完全不知道自己在经历什么，但我很高兴坚持了下来。”

“当初创办公司的时候，我也不知道自己在做什么！我觉得自己要同时扮演乔布斯和沃兹尼亚克的角色。但是现在经历了这些之后，我觉得我更像是沃兹。”

“真的吗？我一直认为你更像海蒂·拉玛尔那种类型的人。”迪伦说道。

“重要的是确保产品发布成功，”奥莉维亚说，“你现在有空吗？”

“我正打算四处走走，看看展会上的一些新产品。”迪伦说道。

“哦，抱歉。你可能没时间逛了。游戏公司的人想和你讨论零信任策略。他们想知道我们是如何迅速扭转安全局面的。我觉得他们更愿意和你交流，而不是和我交流。”奥莉维亚说着，为他打开了会议室的门。

几天后，迪伦坐在自己的办公桌前。这感觉像是他自从开始在 MarchFit 工作以来第一次真正待在自己的办公室里。他的窗户可以俯瞰大厦的大厅，可以看到中央走廊上奔跑的金属丝网鞋。他提前开始了下一个 Zoom 会议，以免忘记，然后开始解开他从家里带来的但还没来得及打开的纸箱。他拿出了女儿小时候为他画的一幅画，放在了办公桌上。迪伦继续整理他的东西，直到艾伦加入了会议。“迪伦，很高兴听到你的声音。”他说着，视频也随之开启。

“你还欠我最后一个电话，”迪伦说，“我认为进行视频聊天会更好，因为事情已经解决，我们的零信任计划已经结束。”

“结束了？”艾伦问道。

“正如我们计划的那样，我们在新产品发布前及时完成了计划。”迪伦说。

“哦，伙计，很高兴听到这个消息。但事情肯定还没完呢。”艾伦笑了。

“我漏掉了什么步骤吗？”迪伦问道。“我们检查了所有保护面，并使用设计方法调整我们的控制措施。我的意思是我知道这是一个连续的过程，但是……”

“看来我可能忘了提到零信任成熟度模型。”艾伦抱歉地说。

“我以为我们会在 6 个月内实现零信任，”迪伦问道，“整个流程还需要多久？”

“我们之所以选择 6 个月的时间框架，并不仅仅是因为 MarchFit 即将发布新产品，”艾伦解释道，“我们选择 6 个月的时间框架是基于自然的商业周期。我建议我们所有的客户将精力集中在为期 6 到 9 个月的计划中。我们这样做有几个原因，但最大的一个原因是公司的预算周期。当我们为项目分配预算时，必须能够根据该预算分配展示价值。如果我们从 3 年或 5 年的计划开始，会在项目进行到一半时失去资金支持，计划也将被放弃，因为我们无法展示任何投资回报。”

“很有道理，”迪伦承认道。

“因为零信任是一项战略举措，”艾伦解释说，“因此，对你的零信任之旅进行基准测试并随着时间的推移衡量成熟度非常重要。我们基于标准的能力成熟度模型设计了成熟度模型，该模型分为 5 个阶段：初始、可重复、定义、管理和优化。对于每个保护面，零信任成熟度模型衡量设计方法论的每个阶段的成熟度。”

“所以我们需要为每个保护面确定成熟度水平，下一步将是选择改进每个领域的目标？”迪伦猜测道。

“没错。但请记住，对于要重点改进的领域，你始终需要具有战略眼光。优先事项将始终与 MarchFit 的优先事项和你面临的具体风险保持一致。”艾伦说。

“这是否意味着在一些不太关键的领域中成熟度较低是可以接受的？”迪伦问道，从盒子里拿出一个雪球放在他的桌子上。里面是一张迪伦和他女儿暑假时的照片。

“你必须进行合理化调整，以确保你拥有足够的资源来提供适当水平的安全保障。你并不需要在设计方法论的每个步骤或每个保护面上都拥有相同的成熟度。但从基线开始可以帮助你展示在安全方面的投资情况，以及它如何与业务保持一致。”

“这似乎很难解释，”迪伦承认道。

“我喜欢使用约翰·金德瓦格开发的事务流程矩阵图来帮助展示保护面策略是如何开发的，以便在内部进行交流沟通。我来共享一下我的屏幕。”

“事务流程矩阵图可以帮助你了解每个不同的保护面如何潜在地相互影响。当你考虑保护面的成熟度时，你需要考虑攻击的‘爆炸半径’如何影响其他保护面。”

“你是说我们不能孤立地考虑任何一个保护面？”迪伦说。

“没错，”艾伦确认道。“但是你只有有限的 IT 资源。所以，如果你有 10 个团队成员，其中 8 个人都在忙于处理由于规则复杂性而导致的防火墙问题，那么你可能会牺牲对身份或日志可见性的控制。”

“你认为我们接下来应该着手处理什么？”迪伦问道。

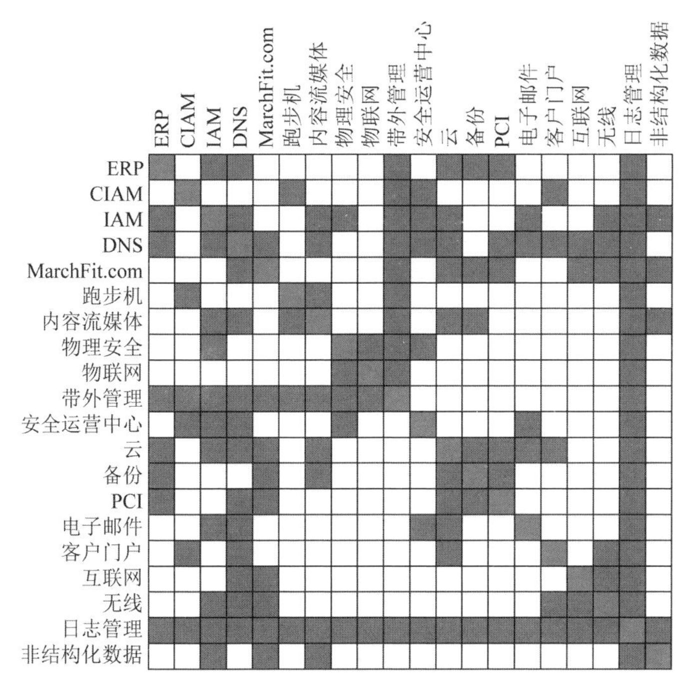

事务流程图一：所有的保护面都已定义，并且事务流程矩阵可以显示哪些保护面允许彼此通信。

“我有几个想法。如果我是你，我会考虑使用 BAS(入侵和攻击模拟)或模拟工具进行连续流程映射。我还会仔细研究欺骗技术。”

“我从来没听说过入侵和攻击模拟，”迪伦承认道。

“很少有组织拥有完整的测试基础设施，可以引爆恶意软件并测试所有控制措施是否足够？”艾伦解释道。“BAS 或模拟软件可以通过更实时的方式进行此类测试，而不是进行长期的安全评估或渗透测试。我认为这对于更成熟的组织最有益处。入侵和攻击模拟可以模拟真实攻击者如何使用预定义的攻击路径来攻击组织。通过模拟，这些工具可以帮助定制如何发起攻击，利用威胁情报将业务的实际运作情况融入其中。”

“你为什么说我们应该关注欺骗技术呢？”迪伦问道。

“在零信任策略中，我们致力于消除能够消除的所有信任，以使我们的网络更加安全。但是通过欺骗技术，我们可以使用诱饵、信标等欺骗性的动作有选择地将信任添加回网络。这个想法是，零信任可以隐藏真实数据，同时揭示虚假的可信来源，从而可以分散、延迟或检测威胁行为者。我知道我们之前讨论过 MITRE ATT & CK 框架，但他们还有一个叫作 Engage 框架的东西，我展示给你看看。”艾伦说着，打开了 MITRE Engage 框架(此框架的译者注请扫描封底二维码下载)。

准备	暴露		影响			引出		理解
计划	收集	检测	预防	检测	干扰	安抚	激励	分析
网络威胁情报	API监控	引入的漏洞	基线	攻击向量缓解	隔离	应用程序多样性	应用程序多样性	事后评估
交互场景	网络监控	诱饵	硬件操纵	邮件操纵	诱饵	工具多样性	工具多样性	网络威胁情报
门控标准	软件操纵	恶意软件引爆	隔离	引入的漏洞	网络操纵	烧录	信息操纵	威胁模型
运营目标	系统活动监视	网络分析	网络操纵	诱饵	软件操纵	邮件操纵	引入的漏洞	
角色创建			安全控制	恶意软件引爆		信息操纵	恶意软件引爆	
故事板				网络操纵		网络多样性	网络多样性	
威胁模型				外设管理		外设管理	角色扮演	
				安全控制		琐碎情报		
				软件操纵				

MITRE Engage Matrix(MITRE Engage 矩阵)是描绘利用欺骗技术干扰网络攻击、创建主动防御的 5 个阶段的框架。

“MITRE ATT & CK 框架提供对攻击者行为中所有 TTP(战术、技术和过程)的分析，以便防御者能够更好地理解和抵御这些 TTP，”艾伦解释道，“Engage 矩阵是一个为防御者提供主动防御方法的框架。我们的想法并不仅仅是被动防御，而是积极主动地与攻击者进行接触，将战火引向他们。”

“那是否意味着我们要进行反击？” 迪伦问道。

“不，据我所知，进行反击仍然是非法的，”艾伦说道，“但是使用欺骗技术等工具可以让我们更深入地了解对手的思想。”

“那工作原理是什么？”迪伦问道。

“零信任的第一原则是从数字系统中消除所有信任关系。” 艾伦说道，“通过 Engage 矩阵，我们建立了针对我们的威胁行为者的个人画像，并谨慎地暴露特定的资源，这些资源就像引导攻击者走向诱饵或蜜罐的面包屑一样。下一阶段是暴露攻击者使用这些面包屑的目的。然后我们干扰攻击者，干扰他们所能看到的内容以及他们可能采取的行动。我们诱使他们暴露他们所使用的工具，我们利用这些信息帮助我们更好地了解他们的能力。这会进一步反馈到威胁情报系统，并帮助我们改进对保护面的控制措施。”

“我一直听说蜜罐会引来不必要的注意。”迪伦说。

“我不建议你设置一个暴露在互联网上的蜜罐，”艾伦说，“那样无法提供任何真正的价值。但事实证明，当威胁行为者知道你在网络中使用欺骗技术时，攻击者就会在你的网络中停留的时间更短。”

“这就像窃贼听到远处的警笛声，就会担心是警察来抓他们一样。”迪伦说。

“没错。实际上，美国国家安全局曾经让一些渗透测试人员尝试进入不同的网络，但当告诉他们正在使用欺骗技术时，红队开始怀疑自己的工具，并质疑那些有漏洞的目标是否真的是诱饵。即使美国国家安全局实际上没有使用欺骗技术，这种影响仍然存在。”

“就像人们在房子上放置一个家庭报警监控公司的标志，但实际上并没有安装报警系统一样。” 迪伦说道。

“没错。在某种程度上，我们利用攻击者与他们自己的工具或遥测之间的信任关系。欺骗将对抗带到对手的思维中。我们通过了解他们的思维来干扰攻击。”艾伦解释道。

“嗯，我想我们还有很多工作要做。”迪伦说道。

“祝你好运，迪伦。下次我过来的时候，咱们一定要一起吃午饭，好好聊聊！”艾伦说道。

迪伦刚刚结束通话，努尔敲了敲他办公室的门，走了进来。“我想我以前从没见过你在办公室里，”她说道。

“我想如果我总是在办公室，我就没有做好我的工作，”他笑着说。“这段时间一直都是一个会议接着另一个会议，确保团队中的每个人都得到所需的支持。”他把椅子从办公桌旁挪开，以免被计算机分心。

“介意我坐下吗？”迪伦点点头，她坐了下来。她看到迪伦桌子上的那张女孩的照片。“我不知道你有一个女儿。”

“噢，是的。她现在上大学了。她希望有一天成为一名兽医，但我们得看看她完成学业时是否还是这个志向。”他热情地微笑着说道。

“我有个好消息，”努尔笑着说，“正如你所知，我一直担任 MarchFit 的首席信息官(CIO)和首席信息安全官(CISO)。我与维克和唐娜都沟通过了，我们都同意是时候聘请我们的第一位专职 CISO 了。”

“这是个好消息。”迪伦说。

“嗯，考虑到你的经验背景，我们希望你对这个职位感兴趣。”努尔说。

“我？”迪伦说。

“给你一些时间考虑，”努尔说，“现在不着急。我希望你在工作的第一年就获得一些安全认证。我们愿意送你去一个 CISO 领导力研修班学习，以帮助你继续发展自己的技能。你现在不必马上答应接受这个职位。”

迪伦站在简报中心里面的投影幕前。他在回顾了成熟度模型后，概述了零信任计划的下一个阶段。哈莫尼、罗斯、伊莎贝尔和尼格尔坐在座位上观看他的演示，这时敲门声响起。哈莫尼关掉了灯，然后打开了一个开关，让一些彩色迪斯科灯光亮起来。布伦特推着一辆装有一个巨大奖杯的手推车走进了简报中心。

“伙计们，你们不必这么做。”迪伦说道。

“我们也获得了奖杯。”哈莫尼说着，把小奖杯分发给团队的所有成员。

“我们将不得不更改简报中心的密码。”迪伦看到奖杯是 3D 打印出来的时候说道。

“你不敢，”布伦特说，“我 90%的咖啡都来自那台咖啡机。”

“你喝那么多咖啡？”罗斯问道。

“不是咖啡，是浓缩咖啡。”布伦特说，“注意，”他对迪伦说，“那不是奖杯，是蛋糕。”布伦特拿出一把巨大的厨房用刀，开始切奖杯。

“就像网飞(Netflix)上的那个节目，《这是蛋糕吗？》”伊莎贝尔尖叫起来，“底座看起来甚至像带有那种纹理的木头。”奖杯底部有一块铭牌，上面写着：“2022 年零信任冠军：迪伦•托马斯。”

他们停下了会议，开始享用蛋糕。蛋糕非常美味。

“我需要建立一个非常优秀的安全团队，”迪伦在其他人刚刚吃完蛋糕时说道，“你们认识谁想为一个新的 CISO 工作吗？”他问道。

“我觉得你已经有一个非常优秀的团队了，”罗斯说道。尽管大家都嘴里塞满了蛋糕，但房间里还是响起了赞同的声音。

“噢，伙计们。我不想假设你们会想加入新团队。”迪伦说。

“然后把所有蛋糕都留给别人？”哈莫尼说，“算了。”

“好吧，不能只是我们。我们还必须招聘一些人。”迪伦说。

几个月后，在通往简报中心的台阶上，迪伦站在他的安全团队的一群新成员面前。他把手放在楼梯中间的金属鞋上。一行人跟着他走上楼梯，站在巨鞋底下。

迪伦开口说道，“转过身，看看大楼入口上方 MarchFit 的座右铭。”一行人转身，迪伦继续说道，“我想让大家知道的第一件事是，我们并不是根据是否遭受黑客攻击来衡量，”他说，“我们衡量的是如何应对这些挑战。我们衡量是否迎接挑战。每一步都很重要。”

关键要点

当今，提高组织安全性的最大障碍之一是存在太多的技术孤岛。一些团队只支持防病毒产品或防火墙；另一些团队从事数据库加密或应用安全工作。还有一些团队支持身份验证；而另一些团队负责云安全。有些团队向 CIO 汇报，也有团队向 CTO 或 CISO 汇报。这些孤岛阻碍了合作和沟通。我相信零信任战略可以帮助打破这些孤岛，团结各个团队，以一个统一的目标为中心：防止或遏制数据泄露。这就是为什么零信任计划汇集了来自 MarchFit 各个部门的多元化人员，以打破这些障碍并帮助组织发展。

当我开始自己的零信任之旅时，我没有考虑是否能够扩展我们的微隔离和其他控制措施以及我当时拥有的团队规模。为了控制任何事件的“爆炸半径”(影响范围)，我们的控制措施非常精细。但是因为我们没有从保护面的概念开始，所以在所有地方都应用了相同级别的关注和控制。结果，我们的控制变得过于复杂而难以管理。我相信约翰•金德瓦格的零信任设计原则和方法论可以大大降低零信任的复杂性。

要成功实施零信任，唯一的方法就是建立一个团队。成功始于组织最高层面的支持。零信任将需要进行一系列变革，而这些变革将要求你与整个组织中的不同业务领导者合作，以了解业务的运作方式，并将安全性与业务使用技术的方式协调起来。

但你也需要一个IT团队。支持零信任所需的大部分变革不一定由安全团队完成。迪伦的团队由来自整个IT部门的人员组成，他们支持安全工作。所需的大部分工作将由支持网络或服务器的基础设施团队完成。我们列举了一些示例，说明应用程序所有者和软件开发人员如何参与限制对其系统工作方式的信任的过程。将多元化团队聚集在一起的零信任计划有助于打破孤岛并简化协作。MarchFit创建了一个身份治理小组和一个企业架构小组，并拥有成熟的项目管理，以确保零信任计划在合理的时间内完成，并且这些变化将随着业务的持续增长和变化而持续存在。

零信任要求你必须先确保做好基础工作。你应该首先从资产开始。为了保护某些东西，你需要知道它在哪里、它如何工作以及它需要与什么通信。在零信任中，不存在未知流量的概念。如果未知，则默认阻止。零信任的下一步要求你确定工作的优先级。进行业务影响评估很有帮助，因为评估结果将衡量组织中每项服务对业务的影响。你可以通过查看评估结果文档来了解哪些应用程序是“皇冠上的明珠”(核心业务应用)。此外，每个组织都需要有一个技术风险登记册，以便从技术角度列出当前对业务的最大威胁。风险登记册应该包括的不仅仅是漏洞，还可以记录特定领域的能力缺失，并确定组织现有的各种控制措施中的单点故障或弱点。

拥有一定的基础有助于加快进程，但如果这些基础尚未具备，启动零信任计划也可以帮助你的组织在此过程中建立资产管理、风险登记册、配置管理数据库(CMDB)和业务连续性计划。

一个组织在没有良好的物理安全措施下无法实现网络安全。我们选择物理安全作为学习保护面之一，因为它在安全方面经常被忽视。通常，组织将安保职责外包给第三方。物理安全技术(如门禁读卡器和摄像头)也经常外包。在没有内部监督的情况下，那些外包商将专注于保持这些系统的运行，而不考虑这些系统的安全性。尽管组织可以引入合作伙伴来帮助实现物理安全，但组织无法将安全责任外包。

首先，我们从了解业务开始。零信任计划团队进行了多次实践和学习保护面，以便他们了解组织的核心业务系统(ERP系统)后做好充分实施零信任的准备。由于ERP系统对业务至关重要，该团队还接触了几个不同的部门，以更好地了解业务的运作方式。如今的ERP系统通常是安全团队的盲点；在部署到生产环境之前，他们不会接收ERP日志、执行漏洞扫描或审查代码更改。这些挑战对任何保护面都至关重要，但ERP系统可能需要专门的工具来完成这项任务。

身份是零信任的基石。身份既是保护面又是关键控制。身份系统需要比几乎任何其他保护面受到更好的保护，因为它对组织至关重要。消费者身份和访问管理是外部身份保护面，应该与员工和特权账号管理平台分开。但零信任也使用身份——零信任使用的许多控制都依赖于身份才能发挥作用。这一点是如此重要，以至于NIST关于零信任的标准(NIST SP 800-207)专注于通过身份驱动零信任的部署。

许多自主开发软件的组织已经采用了DevOps的理念，以帮助他们专注于业务。DevOps帮助组织更快地交付更好的软件，而且在开发流程中可以包括安全测试，以确保信任关系(例如嵌入的密码、电子邮件或IP地址)在发布到生产环境之前从代码中删除。

由于SOC在组织内的独特视角，因此在零信任中发挥着巨大作用。SOC与零信任设计方法的监控和维护阶段密切相关，无论SOC是在组织内部运营还是由MSSP运营，SOC都应提供有关组织状态的持续反馈。零信任SOC不是简单地查看告警并将其上报给组织，而是可以帮助改进组织内部的控制以减少误报并帮助识别改进机会。对于大多数组织来说，维持内部24×7的SOC可能超出其能力范围。使用MSSP服务可以帮助定制监控以满足业务需求，这一点至关重要。但还需要一个能够与保护面相匹配、整合渗透测试结果数据并与专业内部工具集成的MSSP。

许多组织选择利用云服务帮助提高其可扩展性。然而，云不仅仅是一个保护面，而是许多不同的保护面。确保在云中遵循零信任流程的最佳方法之一是拥有强大的IT治理控制，例如项目管理办公室强制实施一致的控制以保护基于云的服务。你必须能够看到它才能保护它。与本地服务不同，云服务的可见性有限，因此需要额外的工具，如WAF、CASB或API监控。此外，由于云服务必然涉及第三方，因此组织需要有强大的合同和第三方供应商管理流程来管理第三方泄露的风险。

人对于零信任能否获得成功发挥着关键作用。大多数安全从业者会告诉你，安全是由人员、流程和技术组成的。但人是编写和遵循流程的人。人是创建、配置和使用技术的人。人是组织中最重要的部分，他们在安全方面发挥着重要作用。为了使零信任所要求的变革具有可持续性，组织的文化必须具有支持性。安全应该融入组织所做的一切，从培训到每周的部门会议。定期进行演练将有助于将组织团结在一起，有意识地发展这种文化。

世界上的每个组织都应该进行网络安全演练，就像企业需要进行年度消防演习一样。它们对于帮助员工知道发生安全事件时该怎么做至关重要。开发桌面演练所需的工作量可能会因场景的复杂程度而有很大差异。一个简单的演练可以基于 CISA 免费提供的模板。MarchFit 用于演练的 MSEL 包含在附录 C 中。任何演练——尤其是实战演练——都需要做好准备，以确保演练为组织提供真正的价值。零信任团队在演练开始前花了数周时间准备场景并开发所有支持材料，以确保演练顺利进行。

有人说安全是自上而下的，也有人说安全是自下而上的。他们都是对的。MarchFit 的管理层支持零信任计划并为其成功铺平了道路。2021 年 Verizon 数据泄露报告表明，恶意的内部人员应该对 22%的数据泄露负有责任(www.verizon.com/business/resources/reports/dbir)。MarchFit 可能是这些组织之一，但组织的文化让罗斯挺身而出帮助抓获黑客，而不用担心受到老板的报复。

零信任主要侧重于预防，而实现这一目标的关键要素之一是遏制。遏制通过微隔离和最小权限访问等技术将组织内部的横向移动限制到其他更关键的系统。遏制也可以通过快速识别资源何时受到入侵影响来实现，从而限制威胁行为者在网络中实现其目标的时间。

由于零信任是一项战略举措，因此重要的是要对零信任之旅进行基准测试，并衡量成熟度在对保护面进行调整后如何随时间变化。成熟度模型基于标准的能力成熟度模型，分为 5 个阶段：1)初始阶段，2)可重复阶段，3)定义阶段，4)管理阶段，以及 5)优化阶段。对于每个保护面，零信任成熟度模型衡量设计方法的 5 个阶段中每个阶段的成熟度。对于任何给定的保护面，设计方法的每个阶段都可能具有不同的成熟度级别，并且应该有一个战略计划来根据风险登记册和保护面的重要性提高零信任成熟度。此外，应该考虑所有保护面如何交互的整体视图，因为其中一个事件可能会影响作为事务流程一部分的其他保护面。

在故事的开头，零信任计划团队有 6 个月的时间在 MarchFit 实施零信任。6 个月可能看起来很短，但根据我从其他经历过零信任转型的网络安全领导者那里收到的反馈，6 到 9 个月实际上是一个很好的时间框架。不应该期望在短短几个月内完成零信任之旅。但是确实需要能够在合理的时间内展示价值，以向执行利益相关者证明业务价值的合理性。将零信任之旅分解成小块可以帮助确保该计划的长期成功。可以使用零信任计划的第一阶段构建业务用例以进入下一阶段。这就是零信任成熟度模型可以发挥作用的地方。你的第一步可能是从第一阶段到第二阶段，然后在接下来的一年中可以从第二阶段进入第三阶段。

“每一步都很重要。”

我选择这个作为 MarchFit 的信条，因为它与我们在网络安全，尤其是零信任方面的工作非常契合。我们所做的每一件事都有原因，而我们所做的一切都产生了影响。每一步都很重要。

附录A

零信任设计的原则和方法

零信任设计的4个原则

1. 定义业务成果：提出问题“企业的目标是什么？”。这将零信任与企业的重大战略成果保持一致，使网络安全成为企业的推动力，而不是如今通常被视为的业务抑制因素。

2. 由内向外的设计：从数据、应用程序、资产和服务(DAAS)元素以及需要保护和设计的保护面开始。

3. 确定谁或什么需要访问：确定谁需要访问资源才能完成工作。经常会出现没有业务理由就给予太多用户对敏感数据的过多访问权限。

4. 检查并记录所有流量：必须检查并记录所有进出保护面的流量(3～7层)，以查找恶意内容和未经授权的活动。

五步零信任设计方法

1. **定义保护面：**识别要保护的DAAS元素——数据、应用程序、资产和服务。

2. **映射事务流程：**零信任是一个系统，为了确保系统安全，了解网络的工作方式对于成功部署零信任至关重要。进出保护面的事务流程映射显示了各种

DAAS 组件如何与网络上的其他资源交互，以及因此放置适当控制的位置。流量在网络中移动的方式，特别是保护面中的数据，这些决定了设计方案。

3. **构建零信任架构：**五步模型的魅力之处在于前两个步骤将阐明设计零信任架构的最佳方法。架构元素无法预先确定。每个零信任环境都是为每个保护面量身定制的。一个好的设计经验法则是将控制放置在尽可能靠近保护面的位置。

4. **创建零信任策略：**最终，将零信任实例化为第七层策略声明。因此，它需要第七层的控制措施。使用吉卜林方法(Kipling)编写零信任策略来确定谁或什么可以访问保护面[1]。

5. **监控和维护环境：**零信任的设计原则之一是检查和记录所有流量，一直到第七层。此过程提供的遥测不仅有助于防止数据泄露和其他重大网络安全事件，而且将提供有价值的安全改进见解。这意味着每个保护面都可以随着时间的推移变得更加坚固和更好地受到保护。可以使用行为分析、机器学习和人工智能技术来分析来自云、网络和端点控制的遥测数据，以实时阻止攻击并长期改善安全态势。

---

1 译者注：吉卜林方法——又称作 5W1H，是拉德亚德•吉卜林用来广泛回答现有问题并激发可能有助于解决问题的想法的一组问题。旨在从不同的角度看待想法——目的是深入了解特定情况。它通常用作持续过程改进方法，通过回答问题中的所有基本要素来完成，这些要素是何人、何事、何地、何时、为何和如何。

附录B

零信任成熟度模型

由于零信任是一项战略举措，因此对零信任之旅进行基准测试并随着时间的推移衡量改进非常重要。零信任成熟度模型记录了对个体零信任环境所做的改进。零信任成熟度模型使用标准能力成熟度模型设计，利用五步法实施零信任，并应用于衡量包含单个 DAAS 元素的单个保护面的成熟度。

步骤	初始阶段(1)	可重复阶段(2)	定义阶段(3)	管理阶段(4)	优化阶段(5)
	该计划未经记录，并在未定义流程的情况下临时执行。成功取决于个人的努力	利用在初始阶段吸取的经验教训，该过程被记录在案并且可预测地重复	成功的过程已经被定义和记录	流程受到监控；效率是可以衡量的	重点是持续优化
1. **定义你的保护面。** 确定单个 DAAS 元素将在定义的保护面内受到保护	DAAS 元素未知或手动发现；数据分类未完成或不完整	已经开始使用自动化工具来发现和分类 DAAS 元素，但尚未标准化	数据分类训练和流程已经引入并日趋成熟；保护面发现逐渐实现自动化	新的或更新的 DAAS 元素会立即被发现、分类，并以自动化的方式分配到正确的保护面	发现和分类过程是完全自动化的
2. **绘制交易流程图。** 进出保护面的事务流程映射显示了各种 DAAS 组件如何与网络上的其他资源交互，以及因此放置适当控制的位置	流程是在访谈和研讨会的基础上概念化的	传统的扫描工具和事件日志用于构建大概的流程图	流程映射过程已经完成。开始部署自动化工具	自动化工具可创建精确的流程图。所有流程图都经过系统所有者的验证	事务流程会实时自动映射到所有位置
3. **构建零信任环境。** 零信任架构是基于保护面和资源之间的交互以及流程映射而设计的	如果缺乏充分的可见性和未定义的保护面，就无法正确设计架构	保护面是根据当前的资源和优先级建立的	保护面实施的基础已经完成，包括在适当的地方放置分段网关	添加了额外的控制来评估多个变量（例如，端点控制、SAAS 和 API 控制）	使用硬件和软件功能的组合实施控制
4. **创建零信任策略。** 按照何人、何事、何时、何地、为何和如何的吉卜林方法创建零信任策略	策略是在第三层编写的	为了满足业务需求，开始识别额外的“谁”声明；应用程序和资源的用户 ID 已知，但访问权限未知	团队与业务合作，以确定谁或什么应该有权访问保护面	通过策略创建和定义用户特定的自定义元素，从而减少策略范围和具有访问权限的用户数量	第七层策略是为细粒度执行而编写的；只允许已知的流量和合法的应用程序通信

(续表)

步骤	初始阶段(1)	可重复阶段(2)	定义阶段(3)	管理阶段(4)	优化阶段(5)
5. 监控和维护。 来自保护链中所有控制的遥测数据被捕获、分析并用于实时阻止攻击并增强防御以随着时间的推移创建更强大的保护	对网络上发生的事情的可见性很低	传统的SIEM或日志存储库可用，但该过程仍然主要是手动进行的	从所有控制收集遥测数据并将其发送到中心数据湖	将机器学习工具应用于数据湖，以了解环境中流量的使用方式	数据来自多个来源并用于改进步骤 1～4；告警和分析是自动化进行的

附录C

零信任主场景事件列表示例

主场景事件列表(Master Scenario Events List，MSEL)来自美国国家标准与技术研究院(NIST)特别出版物800-84《IT计划和能力测试、培训和演练计划指南》。该标准详细说明了创建、运行和小组讨论后的总结等桌面演练的各个方面。桌面演练最重要的部分是确定受众、确定目标和创建现实场景的规划。所有这些都将有助于通过改进安全事件响应计划、确定控制措施中的潜在弱点或差距来最大限度地发挥组织的网络安全潜力，以及为个人在事故中扮演各自角色做好准备。

主场景事件列表(MSEL)是一个按照预定计划将事件注入演练中的时间轴，由主持人根据组织者确定的目标来生成参与者活动。这个脚本确保必要的事件发生，以引发对策略、程序和计划的讨论，并帮助根据实际情况识别弱点。MSEL应该用于跟踪参与者对注入事件的响应和与预期行为的偏差，并帮助强化与这些行为相关的学习要点。

目标1——团队能否避免在事件期间中断运营？

目标2——团队能否区分真正的问题和误报？

目标3——确定在发生真实事件时可能影响组织的技术控制、事件响应程序、资源或培训方面的任何差距。

注入	预期结果	学习要点	每条消息的最大值(分钟)
“注入”是指场景中的事件，提示参与者实施演练期间要测试的计划、策略和/或程序。在场景的时间线内，每个注入都应被视为独立的“事件”	预期结果代表管理层/行政部门对注入过程中提出的问题或信息的预期反应或行动	学习要点是参与者将从注入中学习并随后讨论的具体要点	有必要限制讨论每次注入的时间，以便在给定的演练时间范围内处理所有注入
上午8点35分：一些客户向支持服务部门报告，他们的Tread March设备似乎启动正常，但是显示蓝屏，并且无法连接到网络	1. 遵循/启动事件响应流程并适当升级扩散。 2. 调查了解更多信息	并非所有事件都与黑客有关	15分钟
上午8点45分：安全运营中心报告了几个用户账号的可疑活动。这些活动并未超出他们账号被允许进行的范围之外	1. 如何检测可疑活动？ 2. 如何定义可疑活动？ 3. 查看账号权限和最近的活动	工作人员是否接受过检测可疑行为的培训？是否有足够的信息来关联事件	15分钟
上午9点：呼叫中心报告称，工作日的通话量高于正常水平	1.团队是否会因为缺乏信息而分心，并得出问题比实际情况更普遍的结论	组织是否对跑步机、运行状态、固件版本等进行运行监控以评估趋势	10分钟
上午9点30分：技术人员在出现故障的跑步机上重新安装固件。报告称，一个安全加密狗已丢失数日	1.对于丢失或被盗的设备，正确的报告流程是什么？ 2.身份管理是否允许快速停用硬件令牌	事件响应团队将如何实时接收来自受影响团队的沟通	10分钟
上午10点07分：在检查账号活动后，安全团队成员认识其中一名用户，并发短信了解他在做什么。用户回复正在休假	1.团队能否与受影响的用户沟通？ 2.组织是否有足够的监控来检查活动日志	组织能否检测到可疑或异常的用户活动	15分钟
上午10点15分：公关部门表示，社交媒体消息显示，总部外可能存在针对劳动条件的抗议活动	1. 是否有公共信息计划，团队是否接受过培训	公共信息传递是重大演练的重要组成部分，公关人员需要尽早参与沟通	10分钟
上午10点29分：由于意外情况，首席信息官被从场景中移除	1.事件响应计划是否考虑了响应阶段的人员变动	简化的流程应包括为事件响应负责人进行的沟通“热切换”	10分钟
上午11点01分：日志显示具有可疑活动的用户成功进行了多因素身份验证。用户错误地点击了“同意”	1. 用户是否接受过报告错误MFA同意的培训？ 2. 事件何时开始影响业务运营	错误应该是你为之做好准备并从中吸取教训的东西，而不是你要避免的东西	15分钟

(续表)

注入	预期结果	学习要点	每条消息的最大值(分钟)
上午 11 点 12 分：SOC 检测到来自跑步机固件更新服务器的端口扫描活动	1.物联网网络是否可以与环境中的任何系统进行通信	许多复杂的攻击始于或以物联网或 OT 网络为目标	10 分钟
上午 11 点 45 分：抗议者聚集在大楼外，抱怨其中一家生产跑步机的工厂的工作条件。媒体已到现场	1. 组织是否准备好公开承认网络攻击？在事件响应计划中的什么时间点需要这样做？ 2. 组织何时需要通知客户或其他合作伙伴	承认事件并保持透明以保护社区是比隐瞒事件更好的公关策略	10 分钟
下午 12 点 25 分：在查看流量日志时，网络团队看到从更新服务器到另一台服务器(网络漏洞扫描服务器)的成功连接	1. 是否可以使用必要的网络日志来捕获服务器之间的横向移动？ 2. 这些日志保存多长时间？它们只包含元数据还是完整的数据包捕获以查看有效载荷	是否有可能实时关联可疑活动以主动防止这种情况升级	15 分钟
下午 12 点 45 分：几名工作人员报告称，看到一架无人机在大楼附近飞行	1. 从建筑物外部是否可以看到敏感区域？ 2. 这些区域可能有哪些保护控制措施	组织是否进行了物理安全审计	10 分钟
下午 1 点 05 分：日志显示扫描服务器在过去几小时内一直在向组织中的几乎所有服务器和客户端发送未知流量	1.创建哪些信任关系来促进已知的安全活动？ 2.如何限制这些权限	安全控制和策略是否同样适用于组织中的所有部门？或者是否有例外，这些例外是否为人所熟知和理解	15 分钟
夜间：事件响应公司通宵工作，以确定安装了带有数据泄露工具的恶意软件	1. 组织如何确定哪些数据可能被盗？ 2. 组织是否有事件响应公司的聘用人员？ 3. 什么时候通知网络安全保险公司比较合适	组织如何定义攻击行为以及数据泄露何时需要通知受害者	15 分钟

词 汇 表

断言的身份(Asserted identity)，身份始终是用户在网络上的抽象的断言。身份系统“断言”一个设备在被断言者的控制下生成数据包。

攻击面(Attack surface)，组织的攻击面由所有不同的元素组成，威胁行为者可以在这些元素中尝试利用弱点来获得对环境的未授权访问。安全的一种策略是减少组织的攻击面；然而，实际上这很难做到，因为许多服务需要访问互联网，因此整个世界都可能成为攻击面。

自带设备(BYOD)，许多组织允许员工将自己的设备带入组织以访问内部资源或服务。对于许多安全团队来说，BYOD 面临着将安全控制应用于所有各种类型的个人设备的挑战。

云访问安全代理(CASB)，许多组织无法对基于云的服务获得相同的可见性和控制权。CASB 服务使用代理或 API 集成来协助安全团队为基于云的服务提供安全控制。

数据、应用程序、资产和服务(DAAS)，DAAS 是代表数据、应用程序、资产和服务的首字母缩写词，它定义了应该放入各个保护面的敏感资源。DAAS 元素包括：

- 数据 —— 这里是指敏感数据，如果被泄露或滥用，可能会给组织带来麻烦。敏感数据的例子包括支付卡信息(PCI)、受保护的健康信息(PHI)、个人身份信息(PII)和知识产权(IP)。
- 应用程序 —— 通常是使用敏感数据或控制关键资产的应用程序。
- 资产 —— 资产可能包括 IT(信息技术)、OT(运营技术)或 IoT(物联网)设备，例如销售网点终端、SCADA 控制、制造系统和互联网医疗设备。
- 服务 —— 是指业务所依赖的非常脆弱的敏感服务。应以零信任方式保护的最常见服务包括 DNS、DHCP、Active Directory 和 NTP。

数据毒性(Data toxicity)，数据毒性是指如果敏感数据从网络或系统中被盗或泄露到恶意行为者的控制下，这些数据就会对组织变得“有毒”。这种渗出会对业务造成负面影响。由于这些数据的窃取会导致对组织的诉讼或监管行动，因此变得有毒。每个组织都有无毒和有毒数据。识别有毒数据类型的一种简单方法是记住有毒数据的4P：PCI(信用卡数据)、PII(个人身份信息)、PHI(患者健康信息)和 IP(知识产权)。大多数有毒数据都符合这个简单的框架。

开发运营(DevOps)，DevOps 是一种软件开发理念，它通过持续快速部署软件更新来缩短软件开发生命周期，从而产生更高质量、更具创新性的软件。

端点检测和响应(EDR)，上一代防病毒软件使用文件哈希作为签名来识别恶意软件，这需要大量的人力识别恶意代码，这种方法导致攻击者修改代码以逃避检测。EDR 采用不同的方法，应用机器学习来识别恶意代码如何与操作系统交互，并允许调查人员识别和关联端点上的安全事件，对这些告警采取行动。

细粒度访问控制(Granular access control)，细粒度访问控制是明确定义的零信任吉卜林方法策略声明的结果。多个访问控制标准为访问保护面提供了细粒度的策略，这大大增加了对该保护面进行成功攻击的难度。

身份(Identity)，身份是经过验证和认证的“谁(who)”语句，它是吉卜林方法策略断言的一部分：“谁”应该有权访问资源？

身份和访问管理(IAM)，身份和访问管理是特定于组织的策略和控制，可以帮助管理身份从创建到删除的整个生命周期。通常，组织在 4 个方面管理身份：身份验证、授权、用户管理和目录服务。此外，个人身份可能会从组继承权限，因此管理用户组对于 IAM 程序也很重要。IAM 计划中最关键的部分是管理身份的管理方式以及策略的创建和更改方式。

物联网(IoT)，当今网络上的许多设备都不是以人为主要活动来源的台式机或笔记本电脑。相机、读卡器、打印机、楼宇控制系统、个人移动设备、个人助理设备、电视、游戏设备和可穿戴设备都可能尝试连接到公司网络。

吉卜林方法策略(KMP)，零信任策略是使用吉卜林方法创建的，该方法以作家鲁迪亚德•吉卜林的名字命名，他在 1902 年的一首诗中提出了“何人、何事、何时、何地、为何和如何”的概念。由于 WWWWWH 的理念在世界范围内广为人知，它跨越了语言和文化，使得可以轻松创建、易于理解和易于审计的各种技术的零信任策略声明成为可能。确定了在任何时间点上可以通过微边界的流量，防止未经授权访问保护面，同时防止敏感数据泄露到恶意行为者手中。真正的零信任需要第七层技术才能完全有效。吉卜林方法描述了第七层零信任细粒度策略。

使用吉卜林方法，可以通过回答以下问题轻松地创建零信任策略。

- 应该允许 Who(何人)访问资源。经验证的“断言身份”将在 Who 声明中定义。这将取代传统防火墙规则中的源 IP 地址。
- 允许使用 What(何事)应用程序断言的身份访问资源。在几乎所有情况下，保护面都是通过应用程序访问的。应在第七层验证应用程序流量，以防止攻击者在端口和协议级别冒充应用程序并恶意使用规则。What 语句取代了传统防火墙规则中的端口和协议指定。
- When(何时)定义了一个时间范围。何时允许断言的身份访问资源？规则通常是全天候 24/7 启用的，但许多规则应该有时间限制，并在授权用户通常不使用规则时关闭。攻击者利用这些全天候启用的规则，在授权用户离开系统时发动攻击，从而使攻击更难被发现。
- 访问资源的位置在哪里(Where)？资源位于何处？Where 定义特定位置、对象或设备的位置。Where 语句取代了传统防火墙规则中的目标 IP 地址。资源的地理位置应该始终是已知的，而不可能的位置移动规则将警示管理员存在欺骗尝试。
- 我们 Why(为何)要保护这个资源？资源的公有、私有、秘密或绝密分类应与控制保持一致。许多应用程序在同一保护面混合多种类型的数据，因此拥有包括合规性要求、隐私影响、知识产权和业务考虑因素的清单至关重要。
- How(如何)保护资源？这可以包括应用于保护面的所有控制，包括加密和解密、URL 过滤、沙盒、签名、异常检测等。

最小特权访问(Least-privilege access)，最小特权访问原则提出了一个问题：“用户是否需要访问特定资源才能完成工作？”基于破坏的信任模型，我们为大多数用户提供了过多的访问权限。通过强制执行最小特权或需要知道的策略，用户对资源执行恶意操作的能力受到严重限制。这既可以减轻被盗凭证攻击，也可以减少内部人员的攻击。

托管安全服务提供商(MSSP)，由于雇用或留住安全人员的挑战，许多组织已求助于 MSSP 来提供安全咨询、SOC、取证和事件响应，以及其他关键服务需求。MSSP 的主要优势之一是它能够关联来自不同行业成百上千客户的攻击数据。然而，值得注意的是，组织不能外包安全责任或问责制，因此组织内部应该有一个安全负责人。

微边界(Microperimeter)，当分段网关(SG)连接到保护面并部署了第七层吉卜林方法策略时，一个微边界就被放置在保护面周围。微边界确保只有已知的、经过批准和验证的流量根据策略才能访问保护面。零信任的一项架构原则是将 SG 移到尽可能靠近保护面的位置，以实现由微边界实施的最有效的预防控制。

微隔离(Microsegmentation)，微隔离是指在网络中创建小分段的行为，这样攻击者就很难四处移动和访问内部资源。许多网络是“扁平的”，这意味着没有内部分段，因此如果攻击者在网络中获得立足点，他们可以在不被注意的情况下四处移动以攻击资源和窃取数据。微边界是微隔离的一种类型。微边界定义了用于保护 DAAS 元素的第七层边界。一些组织可能会选择在微边界内使用第 3 层微隔离技术。

美国国家标准技术研究院(NIST)，NIST 是一个美国政府实体，负责创建和发布许多不同行业的标准。NIST 的理念是，通过制定标准，组织可以更好地创新并在全球经济中竞争。NIST 在网络安全方面制定了许多不可或缺的标准，包括本书中提到的标准：

- 800-53—信息系统和组织的安全与隐私控制
- 800-61—计算机安全事件处理指南
- 800-84—IT 计划和能力的测试、培训和演练计划指南
- 800-171—保护非联邦系统和组织中的受控非机密信息
- 800-207—零信任架构

运营技术(OT)，越来越多的复杂威胁行为者已经从针对用户台式机或笔记本电脑转移到针对帮助管理工厂、建筑物、油泵或智能城市的控制系统。OT 系统与组织的物理环境交互，通常是安全团队的盲点。

策略引擎(Policy engine)，NIST SP 800-207 中提出了一个策略引擎，以帮助将零信任实现集中在最小特权和身份的概念上。从理论上讲，策略引擎可以帮助组织提供对持续进行身份验证的资源的及时访问。

特权访问管理(PAM)，组织内部最大的目标之一是其特权账号，如 Active Directory 域管理员账号。如果受到威胁，这些账号可以允许攻击者在组织内部采取他们选择的任何操作，并且在攻击者获得其中一个账号后将其移除变得越来越困难。PAM 工具有助于保护这些账号并协助组织审核和跟踪管理活动以帮助检测危害。

保护面(Protect surface)，保护面与攻击面相反。攻击面很大，包括整个互联网，而保护面仅限于你控制的系统。零信任策略侧重于应用量身定制的保护面，而不是试图管理巨大的攻击面。每个保护面都包含一个 DAAS 元素。每个零信任环境都有多个保护面。

安全访问服务边缘(SASE)，随着 2020 年疫情暴发后对远程访问需求的增加，许多组织希望确保员工可以在任何地方工作，同时对用户设备实施相同级别的安全措施。SASE 工具可以采取多种形式，但通常作为代理，根据策略限制设备对网络的访问，提供远程浏览器隔离以访问互联网，并代理访问云服务。

安全 Web 网关(SWG)，在感染计算机恶意软件的方法中，最常见的一种是让用户点击恶意网址，从而将恶意软件下载到用户的计算机上。SWG 通过充当组织向外发出的用户流量的代理，执行公司策略，帮助保护用户免受访问这些恶意网站的影响。

安全信息事件管理(SIEM)，威胁行为者通常会试图隐藏或销毁系统已被入侵的任何证据。对于仍留在被入侵系统上的日志，攻击者很容易做到这一点。为了应对这种情况，安全团队现在将日志发送到一个集中式日志服务器，以便在组织遭受攻击时保留这些日志的取证安全副本。SIEM 工具通常会解析和范式化日志数据，以帮助这些系统关联可疑活动，并在检测到恶意活动时向管理员发出告警。

安全运营中心(SOC)，许多组织选择雇用 SOC，以提供对安全遥测数据的全天候监控，包括 SIEM 系统、网络检测和响应工具，以及与组织的 EDR、SOAR、SWG、CASB、PAM 或 SASE 工具的 API 集成。

安全编排、自动化和响应(SOAR)，SOC 通常从许多不同的来源收集数据，并要求分析师审查来自多个系统的信息以进行调查，然后在许多不同的附加系统中采取行动以应对威胁。SOAR 系统依赖于由组织设计的剧本，用于关联特定类型的活动，并根据这些检测创建自动化响应，将应对威胁所需的时间从几小时缩短到几秒钟。

分段网关(SG)，分段网关是一种第七层网关，根据用户、应用程序和数据对网络进行分段。分段网关是在零信任环境中执行第七层策略的主要技术。当在传统的本地网络中使用时可以是物理的(PSG)，而当在公有或私有云中使用时，可以是虚拟的(VSG)。下一代防火墙在部署于零信任环境中时，传统上它们也可以充当分段网关的功能。

软件即服务(SaaS)，SaaS 是一种通过基于云的平台向用户交付软件的销售模式，而不是在用户计算机上安装软件的典型许可模式。对于客户而言，SaaS 模式在交付速度方面具有优势，而软件公司则受益于仅支持当前版本的软件，而不是许多遗留版本。对于安全团队而言，SaaS 的挑战在于缺乏对用户活动的可见性和控制，因此许多组织选择实施 CASB 以恢复此种控制。

信任级别(Trust levels)，现有的网络安全模式是基于一种破碎的信任的模型，即公司网络外部的所有系统都被认为是“不可信的”，而公司网络内部的系统被称为“可信的”。正是这个缺陷引出了零信任。信任是一种毫无技术原因地注入数字系统的人类情感。它是无法衡量的。信任是二进制的。所有成功的网络攻击都以某种方式利用了信任，使信任成为一个危险的漏洞，必须加以缓解。在零信任模式下，所有数据包都是不可信的，并且与系统中流动的其他数据包完全相同对待。信任级别被定义为零，因此称为零信任。

Web 应用防火墙(WAF)，传统防火墙用于在 IP 或 TCP/UDP 端口级别管理策略。这些传统的防火墙对会话的应用层发生的事情缺乏了解，无法抵御基于 Web 的攻击，如 SQL 注入或跨站脚本。相比之下，WAF 仅在应用层运行，并提供基于签名的规则来阻止常见的 OWASP 攻击，以及在站点上强制执行输入验证或检测凭证填充攻击，其中威胁行为者使用被入侵的密码尝试访问敏感资源。

零信任(Zero Trust)，零信任是一项战略举措，通过消除组织内的数字信任来帮助防止成功的数据泄露。根植于“永不信任，始终验证”的原则，零信任被设计为一种能够与任何组织的最高层级产生共鸣的战略，同时可以使用现成的技术进行战术部署。零信任策略与技术解耦，因此虽然技术会随着时间的推移而改进和变化，但策略保持不变。

零信任架构(Zero Trust architecture)，零信任架构是用于部署和构建零信任环境的工具和技术的组合。这项技术完全取决于保护面，因为零信任是由内到外设计的，从保护面开始并向外扩展。通常，保护面将由第七层分段网关保护，该网关创建一个微边界，使用吉卜林方法策略实施第七层控制。每个零信任架构都是为特定的保护面量身定制的。

零信任环境(Zero Trust environment)，零信任环境指定了零信任架构的位置，由包含单个 DAAS 元素的单个保护面组成。零信任环境是部署零信任控制和策略的地方。这些环境包括传统的本地网络，例如数据中心、公有云、私有云、终端设备或跨 SD-WAN 等。

零信任网络访问(ZTNA)，术语 ZTNA 由 Gartner 于 2019 年提出，它指的是一类工具，有助于通过身份验证访问提供对专用网络的安全访问。这个术语有助于扩展远程访问的定义，从像虚拟私有网络(VPN)这样的旧技术，到安全 Web 网关(SWG)或安全访问服务边缘(SASE)代理。